為什麼有人可以輕鬆搞定壓力，
壓力愈大業績愈好？
為什麼愈快樂的員工，
生產力、銷售成績比一般員工高？
想要樂在工作、提升職場競爭力嗎？
趕快搞懂紓壓的祕訣與情緒管理的技巧，
你就能掌握職場成功的關鍵！

紓壓

找到工作的幸福感

上班族必修的壓力管理學
不敗的職場生存術！

目錄

紓壓
找到工作的幸福感

上班族必修的壓力管理學，不敗的職場生存術

PART1
學會傾聽身體的聲音

PART2
放鬆心情，擺脫過勞

PART3
把壓力變成進步的助力

PART4
補元氣,吃出好心情

PART5
不窮忙，提升職場工作戰力

PART6
職場 EQ 好，才能樂在工作

出版序
學習壓力管理與放鬆身心靈的好書

文／姚思遠（董氏基金會執行長）

　　根據內政部最新公布的 2012 年國人生命表，去年國人平均壽命，男性是 75.96 歲，女性是 82.63 歲，男性較前一年平均減少了 0.03 歲，意即每年少活了將近 11 天，這也是近 6 年來男性平均壽命首度下降。不少專家學者分析，這與國人因長期的工作壓力，誘發不少疾病有關。許多調查也顯示，臺灣民眾感覺自己面臨沉重壓力的情形，亦排名在全球前幾名。

　　長期的壓力的確會引發各種身心反應，如果一直無法紓解，很容易傷害人體的神經、內分泌、心臟血管、消化、呼吸、免疫、生殖系統，導致疾病的發生。董氏基金會《大家健康》雜誌出版《紓壓：找到工作的幸福感》一書，即是告訴讀者必須重視壓力管理的問題，學會傾聽身體的聲音，適時放鬆心情，擺脫過勞，把壓力化解，變成自己工作的助力，才能樂在工作、維持身心健康。

　　有些上班族面對工作壓力，想靠吸菸來放鬆心情，其

實這是大錯特錯的方式，因為吸菸無助於紓解壓力，反而危害健康，增加急性心臟病的風險。正確的紓壓方式有很多，書中提到的運動、大笑、正向思考、看書、看電影、旅遊等方式及改善上班緊張氣氛等等的方法，都值得讀者一試。不僅於此，本書另外也提供一些選擇方向，建議讀者如何從飲食的選擇，吃出好心情。

其中，持續運動是對抗壓力、憂鬱情緒，最好又簡單省錢的方法，因為運動會產生多巴胺、血清素、腦內啡和正腎上腺素，能夠消除壓力與焦慮，使穩定情緒的力量、體能和健康更增加。

董氏基金會從 2009 年開始推動「運動紓壓」系列宣導活動，希望用運動來幫助大家紓解生活中所遭遇的壓力，並針對不同對象辦理系列活動，讓國人了解運動對於情緒、心理方面顯著的促進效果。

《紓壓：找到工作的幸福感》是一本關懷上班族健康及情緒管理的好書，期望上班族能從書中找到紓壓的祕訣，燃起對工作的熱忱，讓自己在職場更有競爭力！

推薦序

4招紓解壓力
讓自己樂在工作

文／詹佳真（臺北市立聯合醫院中興院區一般精神科主治醫師）

　　有一回，我參加一個電視現場播送的節目，可是到攝影棚的路上，不幸遇上交通事故造成的大塞車，讓我有點緊張心急，生怕耽誤了節目進行，幸好趕到攝影棚的樓下還有 5 分鐘，這時我利用在搭電梯的時間裡，做了幾次腹式深呼吸，緩和自己的情緒，一到現場，我心情平和的開始錄影，結束後，工作人員都很好奇我能快速平復緊張情緒的方法。

　　上班族面對突發的工作狀況，造成一時情緒緊張或壓力，隨時都可能發生，建議這時用腹式呼吸來舒緩工作的緊張情緒，真的很有幫助。

　　《紓壓：找到工作的幸福感》這本書除了提及「腹式呼吸」這個紓解情緒的好方法外，也提供了許多正確健康的紓壓方式，值得忙碌的上班族參考。

　　上班族面對工作的挑戰、老闆主管的要求、超時的工

作負荷，加上不時遭遇工作環境適應不良、人際相處摩擦等問題，如果這些壓力來源一直累積，無法排解，都會造成身心嚴重的負擔，出現健康的問題。

這本書內容的安排，與我的想法很相近，我歸納出 4 招紓解壓力的方式，供讀者參考。

1. 檢視自己的壓力：書中有壓力檢測表、疲勞指數等表格，可以隨時自我提醒。通常壓力出現時，生理會出現如：失眠、肚子痛、手心出汗，心跳加速等症狀，所以必須了解壓力，即時紓解壓力。

2. 規律運動：每天維持 50 分鐘的運動，減緩肌肉的張力，藉由身理的動能，舒緩轉移負向心情。

3. 懂得時間管理：避免不必要的時間焦慮，讓自己的工作更有效率，多讓自己的生活步調放輕鬆。

4. 投資自己：建立自己的生涯規劃，投資自己多學習一些技能，讓自己的生命踏實。

這本書有系統的分析造成上班族的壓力問題，同時點出如何將壓力化為進步的助力，告訴職場的上班族真正能樂在工作的有效對策。

祝福所有上班族，找到屬於你的工作幸福感！

推薦序

幫你在工作中
找到身心安頓的能量

文／潘建志（台北市立萬芳醫學中心精神科主治醫師）

　　我們每天的生活，脫離不了經濟。在經濟活動全球化後，臺灣每個行業都面臨到無比競爭的壓力。包括一般的雇員、管理階層和老闆，在工作職位上，只要稍微放鬆，就可能發生被淘汰的危機。在強大的產業競賽之下如何能夠保有員工的身心健康並兼顧產能，是很多企業現在遇到的重要課題，也是企業社會責任的要點。

　　這本書從精神醫學和心理學的研究裡找出許多實用的工具，例如源自英國的「工作壓力自我檢測」量表，以清楚明白的文字解釋使用流程，並配合許多案例，讓沒有心理學專業背景的讀者們能方便地使用，瞭解自己的身心狀態。

　　現在，像「焦慮」和「憂鬱」這樣的名詞大量出現在傳播媒體中，但有許多人無法把抽象的字義和感受連結起來，臨床上遇過不少初次求診的個案，甚至到重度憂鬱症

還不自知發生了什麼事。有更多的人因為壓力造成心理問題，卻往往傾向以身體疾病來解釋，當然沒有辦法找到解決之道。

本書裡「1分鐘快速檢測你的疲勞指數」也是一個人人都可以使用的自填式問卷，它能夠幫助我們正確地理解身體發出的訊號，提醒許多超時工作而處於高度壓力下的上班族重視自己神經系統，心血管系統，甚至代謝系統的異常，提早尋求疏解的方式避免落入惡性循環。

根據勞委會 2012 年所公布的最新統計，臺灣平均每7.6 天，就有 1 名勞工因過勞而猝死。而臺灣最近也出現了首例將憂鬱症列入職災而求償成功的案例，所以協助員工做好工作壓力管理，將會被更多企業接受，成為常識和常態。

本書也提供了專家建議的紓壓方法給讀者參考。每個人的情況不同，讀者可以選擇最能夠身體力行的方式來進行。有的時候，環境裡的小小改變，比方兩盆綠色植物就有不錯的效果。生活習慣的改變也會有幫助，像我也常在門診裡提醒上班族在都市的快速節奏裡讓自己走慢一點，吃東西慢一點，說話慢一點。

在職場裡，還有一個常見的壓力來源是和同事間，或

和上司間的人際關係,通常這是造成上班族離職的最大原因。比方遇到在檯面上和諧,但私下明爭暗鬥的同事如何自處?本書中也為此訪問精神科醫師的意見,讓讀者閱讀時,好像專家就在身邊協助解決。

這本書對上班族面臨的壓力問題提供了經過實證的,可靠的,有效的紓解方法,也讓讀者可以自我評估,當問題超過自己的解決能力,或到了什麼程度就應該要求助於專業人士,接受幫助。

我很樂意推薦《紓壓:找到工作的幸福感》這本書給所有的讀者,希望能幫助大家在工作中找到身心安頓的幸福感。

前言

　　董氏基金會在 2012 年針對上班族進行「上班族壓力源與紓壓方式」網路調查發現，近六成的上班族總是或經常感到有壓力，超過六成的上班族星期一最憂鬱。

　　在職場上容易感到困擾或壓力的事件，前五名為上司或主管（帶領方式、工作分配等），占 51.9%、待遇（薪水不足、獎金過少等），占 38.4%、業務（工作量過多、業績壓力等），占 37.2%、時間（工作時數過長、上班時間日夜顛倒等），占 35.6% 和同事（彼此間的競爭、相處方式等），占 31.2%。

當心壓力
對身心的負面影響

　　適當壓力會帶來正面影響，但當壓力過大或延續一段時間仍然找不到方法面對時，就會出現焦慮、害怕或自我懷疑的情況，對身心造成負面的影響，如緊張性頭痛、倦怠、食慾不振或是失眠等。長期壓力甚至會增加高血壓、

心血管疾病的發生率。

董氏基金會調查發現，上班族面臨工作壓力時，身體上可能出現的不適，以眼睛疲勞為最多，其次是頭痛，再者是腰痠背痛；心理上可能產生的不適，前三名依序為感到疲倦、容易感到煩躁或生氣、憂鬱或焦慮不安。

本書適合上班族
也適合企業一起來推動

國外研究指出愈快樂的員工，工作表現愈好，效率與生產力也有所增加，也就是說員工擁有好情緒對於企業、公司而言有一定之重要性。

據統計，快樂員工的生產力比一般員工高出 31％，銷售成績高出 37％，創意高出 3 倍，不僅如此，員工愈感到幸福快樂，就愈能發揮創造力、落實執行力，並降低流動率。

意即懂得紓壓有好心情的員工，工作愈有效率。因此，想提升職場競爭力、想要創造好業績，先從懂得紓壓開始！

如果是企業老闆或是部門主管、經理人，「紓壓」更

是一門必修的企業管理學！因為在職場內推動紓壓方案，讓員工擁有好心情來工作，不單能維持其心理健康，也能增進生產力，對企業及員工來說，都是雙贏的局面。

時時檢視
自己的壓力與工作情緒

工作上或多或少對於某些事感到特別有壓力，進而影響身體或心理上的不適，到底該如何調適或看待呢？

淡江大學諮商輔導組組長胡延薇提醒上班族：

1. 別把工作視為生活的重心，造成身心疲勞過度。要將健康、家庭或是朋友列入，重新排序調整。

2. 別過度追求完美，一味投入工作連休閒時間也失去，長期下來會造成壓力上升、心理不適。

3. 別將工作上的情緒帶回家，建議回家途中可聽聽音樂，想工作以外的事情，如回家仍思考著工作，可能影響睡眠品質，產生失眠的狀況。

宇寧身心診所院長吳佑佑表示，當身體出現不適症狀時，要當作警訊，檢視症狀的出現是否與壓力、情緒有關。她也建議上班族平常需有自我調適、減壓的方式，如運動、散步等，適時地紓解工作壓力與負面情緒，同時求情感上的支持，如家人、朋友或信仰等。

（採訪整理／大家健康雜誌編輯部）

PART 1
學會傾聽身體的聲音

感覺做什麼事都提不起勁？

老想換工作，卻又沒辦法離開？

工作時，經常不耐煩，總有一堆脾氣和抱怨？

常出現頭痛、暈眩、胸悶、肢體麻痺無力等問題？

這些都是壓力惹的禍。

你知道自己是屬於 A 型性格還是 B 型性格的人？

工作中你是否累積過多的壓力還不自知，

趕快檢測你的壓力，搞懂壓力！

什麼原因
讓你工作悶悶不樂？

根據臺北市衛生局調查，每 5 位上班族就有 1 人有心理困擾，需要諮商協助。

到底工作中造成壓力的元凶是什麼？和本身的個性有關嗎？

想一想你有下列這些案例的困擾嗎？

CASE1

「客戶急著要這案子，趕快整理好，我馬上要！」小卉一聽到老闆的聲音，胃又開始抽痛，她心裡嘀咕：待會兒頭痛也會來報到。

CASE2

五年級生阿仁，最近常感焦慮、疲倦，尤其外籍老闆每次找大家練英語會話，六、七年級生個個答得嚇嚇叫，而他頓在那兒想半天還結結巴巴，更緊張得想拉肚子，好不容易結束會談，他總有種歷劫歸來的驚恐感。

CASE3

　　老曹一踏進辦公室，頓時一陣低迷的氣氛襲來，鄰座的阿華遞來一張小紙條：「剛才主任又約了XXX到密室談話」。四年級的老曹心一涼，回想：「公司最近一直裁員，快輪到我了吧！」他忍不住抱怨：「這樣搞下去我會瘋掉，不如趕快公布『辛德勒名單』，拿完遣散費就走人吧。」

　　你是否也曾遇過上述案例的場景？職場如戰場，身處其間的上班族隨時都處於戰備狀態，根據104人力銀行進行的職場幸福族群調查，約七成上班族不滿意目前的工作環境，且女性比男性高，不滿意者以四、五、六年級生居多，即中高齡上班族。

　　104人力銀行調查指出，這些沒有幸福感的上班族，不幸福的主因有3個：

1. 來自年輕者、技能高者、學歷高者的威脅感：深怕被後起之秀取代。

2. 工作理念不相契合：尤以中高階主管為甚，若問題遲遲未解決，久了會漸漸對工作感到無力。

3. 擔心產業前景：若自己技能提升不如年輕人，加上前景
   不看好，工作更具威脅感，進而感到壓力大。

誰讓工作
愈來愈悶？

　　上班族常講「工作壓力大」，臺北醫學大學附設醫
院臨床心理師陳盈如引用勞工安全衛生研究所和人力網站
CareerBuilder 的調查資料說，國人自覺工作壓力大的比例
確實有逐年升高的趨勢，以 2002 年的資料為例，承認有
工作壓力的人達 61％。而從近年北醫臨床案例來看，上
心理衛生門診求診者，約有兩成是壓力引起的身心症狀。

超時、重績效的工作
是壓力的主要來源

　　有些上班族面對工作負荷、工作挑戰、上級要求、作
業環境不良等情境，常感到衝突、不愉快或身心負擔，進
而出現職業或工作壓力。她從門診患者求診時的反應觀察
出，「超時、追求效率、有績效壓力的工作」是最可能產

生壓力的來源。

　　104 人力銀行的調查也曾指出，上班族最大的壓力來源是「惡魔」主管或老闆，最害怕的依序是「情緒型」、「笑裡藏刀型」、「頤指氣使型」的主管或老闆。而最怕聽到上級說的話依序是：「我看不到你的重點」、「你覺得這樣做是對的嗎」、「我馬上就要」。

　　臺北市立聯合醫院松德院區精神科主任湯華盛整理出一般人在職場上的長期壓力源，包括：

1. 被主管或同事威脅、侵害、虐待。

2. 無法以現有資源應對外界期待。

3. 缺乏必要的資源去達到某目標。

4. 在工作上得到的獎賞與付出的代價不符。

5. 承受各種不同的壓力。

6. 工作的前途不明、生死未卜。

7. 勞資糾紛。

8. 性別歧視。

　　他建議，宜針對這些不同的壓力源，找出對策，千萬不要得過且過、延誤處置時機。

為壓力
找到抒發窗口

　　不想被壓力壓垮，就需適時減壓。曾有報導指出，超過 150 名紐約電話公司的員工學習放鬆技巧。5 個月後，焦慮、失眠減少，高血壓也隨之降低。同時，較易戒菸、減重，感覺較有自信及快樂。

　　許多研究也都肯定靜坐能降低血壓、膽固醇，有益心臟健康。湯華盛醫師建議，每天撥出時間靜坐，或採用其他放鬆方法，如漸進式肌肉放鬆、腹式呼吸等，也可多食用增強抗壓的食物，如含有維生素 B 群、鈣、鎂、蛋白質、纖維質、抗氧化營養素、卵磷脂等食品。此外，飲食定時定量，以七分飽、清淡而有營養為原則；避免酒精、菸品及各類改變情緒的藥物。

（採訪整理／施沛琳）

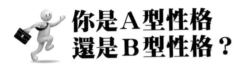

你是 A 型性格
還是 B 型性格？

　　除了外力影響，壓力的產生也與人格特質有關，臺北市立聯合醫院松德院區精神科主任湯華盛說，「性格當然會影響心理與生理反應，一個大而化之的人，較不會焦躁不安，即使天塌下來都不畏懼；但細心謹慎的人，便容易焦慮、悲觀。當壓力因應模式成功後，壓力自然會解除，若不成功就會累積，如同水庫的水位拉警報，到最後會淹死人的。」學界通常會把性格分為 A、B 型，以探討壓力與性格的相關性。

A 型性格

　　特徵是競爭性強、個性倔強，辦事速度快，在工作環境及社會地位上努力欲獲得升遷，希望大眾對自己的努力加以肯定。易被人與事激怒，被迫沈靜時會感到心定不下來，說話快，一次做好幾件事，以力求成長。走路、行動及進食速度快，對於任何遲緩都不耐煩，對時間很有概

念，做事趕在期限以前完成，幾乎每次都準時，經常繃著臉、握拳頭。

B 型性格

特徵正好與 A 型性格相反，這類人在工作及遊戲時不具競爭性，態度從容、隨遇而安，做事慢但有方法，對於目前工作上及社會上的地位深感滿意，不追求大眾對自己的肯定。不易被激怒，喜愛悠哉的感覺，說話慢，一次只做一件事，走路行動及進食的態度從容不迫，對於遲緩有耐心且不生氣，對時間沒概念，不在乎期限，常遲到，臉部表情輕鬆且不握拳。

湯華盛醫師認為，若發現自己的壓力是人格特質所引起，首先應察覺自己屬於哪種性格，並採取「中庸之道」，讓自己往另一方的性格走。

（採訪整理／施沛琳）

壓力的心理學模式圖解

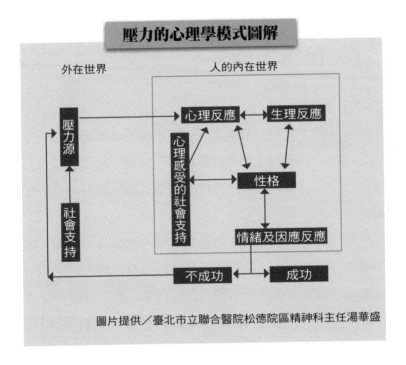

圖片提供／臺北市立聯合醫院松德院區精神科主任湯華盛

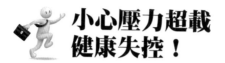

小心壓力超載
健康失控！

　　在盛滿水的杯中繼續倒茶，茶水將四處溢流，如同身體承受滿載的壓力，若沒適當宣洩，負擔終將壓垮自己。現在開始，不妨學習傾聽身體的聲音、釋放壓力，重新蓄滿活力！

　　現代人常因工作、生活緊張等壓力造成身心疲憊，提不起勁，短期可能出現失眠、身體酸痛等症狀，長期累積甚至會引發高血壓、糖尿病等慢性病。這些不舒服的反應都是身體發出的警訊，提醒你已過度疲勞、身心負荷過大。

經常神經緊繃
日久易脾氣差、睡不好

　　芷玫在投信業上班，每個決策都必須精準而快速，工作時總是神經緊繃，下班後又常要應酬到很晚，回到家早已一身疲累。沉重的壓力讓她脾氣差、睡不好，長久下來，氣色愈來愈差。

　　文德在公關公司工作，常得外出探勘場地或辦活動，下班後回到家完全不想開口講話、不想做事，只想一人獨處，總是癱在沙發上，非得躺個半小時才願意起身吃飯或洗澡。

　　新光醫院家醫科主任陳仲達認為，以上疲勞都和工作有關，不同族群面對各式工作需求、主管要求或同儕競爭，各有不同的壓力。

壓力超標
心血管疾病增 2 倍

　　中崙聯合診所心理師黃龍杰也說明，因忙碌、緊張生活造成失眠、身體酸痛等現象來求診的人，非常普遍。由於科技創新和經濟變動，多數人的工作都有「多、快、新、難」的趨勢，「常見到很多人覺得責任和壓力超載，甚至到失控的地步。」

　　明知自己可能壓力過大，但多數人都會忍到身體出現警訊，才到醫院就診。陳仲達指出，工作壓力產生的疲勞，與心血管疾病有絕對關係；醫學研究指出，工作壓力過大，

心血管疾病上身的比例是一般人的 2 倍，是不得不注意的
警訊。

縱容壓力
反而壓垮自己

過多的壓力，會對身心造成以下反應：

■生理層面

壓力可能讓人胃痛、頭痛、肌肉緊繃、容易疲勞、緊
張、失眠。臺北市立聯合醫院松德院區精神科主任湯華盛
提醒，壓力也會影響人們全身的內分泌系統、自主神經系
統、心臟血管系統、消化系統、肌肉、皮膚等。同時，會
減低免疫力，譬如：嘴角長泡疹，就是免疫力降低的徵兆。
此外，壓力也會導致血中的膽固醇積存在血管壁上，久之
產生動脈硬化性高血壓、心肌梗塞或腦中風。

■心理層面

壓力對心理層面的影響則包括認知、情緒、行為的反
應。

1. 認知：

可能降低或提高注意力、工作能力和邏輯思考能力。

2. 情緒：

呈現焦慮、憂慮、不安、恐懼、易怒、攻擊、無助、
工作成就感降低等情形。

3. 行為：

出現生產力降低或提高、行為慌亂、易發生意外事件
等。

　　臺北醫學大學附設醫院臨床心理師陳盈如分析，這類
心理反應往往不易被察覺。對某些工作狂而言，儘管有壓
力卻不自覺，一旦壓力衝破臨界點，整個人便可能崩潰，
這也是「過勞死」的原因之一。

　　總之，長期壓力易讓身體出毛病，也就是身心症。種
類包括：本態性高血壓、冠狀動脈疾患、消化道潰瘍、偏
頭痛、緊張性頭痛、癌症、氣喘、過敏症、風濕性關節炎
等。罹患這些疾病的人多有某些人格特質，導致心理長期
承受壓力，讓內分泌、神經系統、消化系統發生障礙。

因壓力求診的年紀下降
年輕人占三成

即使在工作或生活承受極大壓力，但臨床經驗顯示，僅少數人會就醫。對此，陳仲達醫師分析，可能是傳統教育告訴我們要忍耐、勤奮、刻苦耐勞，所以，會就醫的大部分都是因為受不了身體病痛，但通常也不會明白告訴醫師，身體不適的原因是來自壓力，常經過一連串檢查、問診後才發現。

依陳仲達醫師的看診經驗，男性就診時多已出現潰瘍、逆流性食道炎、失眠、頭痛及肩頸酸痛等問題；女性則多為胸悶、自律神經問題、心悸、喘不過氣等狀況，且因壓力導致身體出現狀況而就診的病患，年輕人占二至三成，這與工作壓力有直接或間接的關係。

此外，礙於國情，臺灣民眾到醫院多求助於生理方面的科別，不太求助於心理諮商。黃龍杰醫師指出，「有95％的人即使遇到天災人禍、生離死別，也絕不諮商。」願意求助諮商者，多屬於高教育水平、經濟條件較佳、口才較好、人際關係佳，有自覺的一群人。他也發現求助心理諮商者，女性居多，「女男比例約 7：3 或 8：2」。女

性多願意溝通、求助、自覺及社交性強；男性則較不願主
動求助、反應出較為內斂的性格。

自我檢測身心
瞭解壓力程度

　　陳仲達醫師表示，工作壓力過大，會導致心血管疾
病、腰酸背痛與感冒，免疫系統也會出問題，若再深入分
析目前的職場壓力，男性承受的壓力比女性大。因此他建
議，不妨使用「壓力量表」檢測自身壓力承受是否超過負
載，約半年～一年進行一次即可。

　　至於平常檢視壓力的方式，可從作息來觀察。若放假
在家，充分休息、睡飽後就覺得精神不錯，則為一時疲勞；
如果充足睡眠後仍感到渾身無力、提不起勁，可能就是壓
力造成的慢性疲勞。

（採訪整理／秦蕙媛、施沛琳）

壓力分級表

　　壓力對身心的影響，是現代人不能不重視的議題。中崙聯合診所心理師黃龍杰認為，主要可區分為 4 個層次。

第 1 個層次

「正常型」，人都會遭遇不順心、心情不好，但隨著事情解決或事過境遷後恢復正常，屬於自然的憂鬱或焦慮。

第 2 個層次

「適應性疾患」，例如：心情不好造成無法上班、上課或經常缺席、遲到早退，「自己主觀覺得痛苦；客觀而言，別人也觀察得出來，無法做應盡的角色及發揮功能」，是最輕的一種病態。

第 3 個層次

「精神官能症」，包括憂鬱症、焦慮症（強迫症、恐慌症等）、飲食疾患（厭食症或暴食症）、睡眠疾患等。

第 4 個層次

最嚴重，已達到躁鬱症、精神分裂症及妄想症，有妄想及幻覺發生。

　　黃龍杰建議，第 1、2 層次（F1、B1）的壓力，多半與工作及家庭壓力有關，可尋求心理諮商。若達到第 3 層次的精神官能症，最好藥物和心理治療雙管齊下。若到達第 4 層次，就必須尋求精神科醫師，先進行藥物治療，待症狀緩解，再搭配心理治療。

壓力影響分級	產生狀況
F1（地上一樓）	壓力造成暫時的緊張、自然的煩惱，隨著問題解決逐漸會恢復正常，甚至會學會新的適應技能或態度（心理成長）。
B1（地下一樓）	壓力造成適應障礙、無法正常上班工作、與做好應盡角色及功能，造成「適應性疾患」，屬於輕微病狀。
B2（地下二樓）	引發憂鬱症、焦慮症等精神官能症。
B3（地下三樓）	壓力造成精神病，如躁鬱症、精神分裂症、妄想症等，會產生妄想、幻覺。

（採訪整理／秦蕙媛）

「壓力」使身體發出哪些警報？

1. 工作壓力影響情緒的 3 大症狀

▶ 感覺憂鬱、心情低落；難以入睡、易醒或早睡。

▶ 做什麼事都沒興趣，一直快樂不起來。

▶ 想換工作，但又沒辦法離開。

2. 長期累積慢性疲勞的 6 大症狀

▶ 像肩膀扛了一座山。

▶ 像電池快用完了。

▶ 像蠟燭快燒到最後一滴油。

▶ 像一直撞到牆。

▶ 累得像一條狗。

▶ 累～死了。

3. 身體不適的急性症狀

▶ 腦血管疾病：頭痛、噁心、暈眩、肢體麻痺無力等。

▶ 心臟疾病：胸悶、胸痛、胸口緊縮、冒冷汗、臉色蒼白、

低血壓等。

資料來源／台北市政府衛生局

壞脾氣一直來
代表身體發出警報了 ！

工作時，你是否總感到憤怒？或有頭暈目眩、失眠等現象？這表示你的身體已發出警報，壓力需要大清倉啦！

玫玲是個內斂認真的高階主管，常把壓力內化成該擔負的責任，即使親友都感受到她工作壓力太大，但她始終不承認，直到有天，為一點小事，玫玲竟咆嘯大怒，繼而流淚不止，被好友拉去就診，才發現她得了憂鬱症……

秀鳳是媒體主管，壓力大不在話下，每天編輯會議時，她都能感受到自己心跳加快，說話速度快，連下屬都感覺「老闆現在瀕臨發作臨界點！」長久以來，她已將這種表現內化成性格，經醫師分析，秀鳳有輕微的躁鬱症……

玫玲和秀鳳這類個案，在職場不難發現，只是程度有別，多數人治療後，病症可緩解，就醫時，建議看身心內

科或精神科。至於如何自助也很重要，以下即針對常因工
作壓力所引發的病症，建議紓壓法寶。

病症 1：憂鬱症

　　工作壓力導致憂鬱症的臨床案例相當少，多半是患者
本身有憂鬱症，工作壓力則是引發憂鬱症發作的原因。但
醫師也指出，很多人會因工作壓力大而失眠，出現短暫的
憂鬱症狀。

　　一般來說，若壞情緒連續影響個人作息長達 2、3 個
星期，臨床上會傾向界定是憂鬱症。目前很多精神科醫師
會藉用藥物，讓患者的作息恢復正常，以抗憂鬱藥物最
多，至於工作壓力大到無法入睡，精神科醫師會視情況開
安眠藥。

打擊憂鬱
你可以這麼做

1. 暫時抽離工作，做自己有興趣的事來轉移注意力，暫
　 時忘卻煩惱。

2. 找別人分享心情，大吐工作上的苦水。

3. 每天在工作以外的時間，試圖找件讓自己開心的事。

4. 想想工作外的未來夢想，並記錄下來。

5. 出外運動。藉著運動引發腦部分泌讓心情愉快的腦內啡和血清素，使自己不憂鬱。

6. 飲食上多攝取富含 omega3 脂肪酸的食物，降低憂鬱症的發病率。富含 omega3 脂肪酸的食物有鮭魚、青魚或深海魚類。

病症 2：焦慮症

　　根據臺大醫院精神醫學部做的社區流行病學調查，成人中約每 4 人，就有 1 人會焦慮。因工作壓力引發焦慮症的情況相當常見，新光醫院家醫科主任陳仲達便指出，以來看家醫科的病人為例，醫師會先確定患者敘述的病症是不是器官的問題，例如：頭暈是否為貧血？胸悶是否為心血管疾病？心悸是否為甲狀腺亢進？確認這些病症都和器官無關，才診斷病人是因工作壓力導致焦慮。

　　當然，頭暈、胸悶、心悸都是焦慮者身體上的症狀，行為上，焦慮症患者較一般人急性子，會讓外人明顯感受

到他行為緊繃、眉頭深鎖等。

打擊焦慮
你可以這麼做

■身體層面

臺北市立聯合醫院中興院區一般精神科主治醫師詹佳真建議，規律的生活作息很重要，其次是多運動。陳仲達醫師也表示，運動是最簡單、有效的方法，因運動產生的腦內啡和血清素，有助對抗壓力，進而改善焦慮症狀。他不太建議病人吃藥來抗焦慮，希望病人多運動，建立運動習慣。

■心理層面

1. 先往壞處想

患者會焦慮，多因無法控制事情結果，且病人通常想法負面，建議患者先做最壞打算，當碰到最壞的結果，也較能接受、知道如何防禦。

2. 去除「非理性的想法」

很多人會有以偏概全的觀念，而這些「非理性想法」會帶來不必要的情緒困擾與壓力。建議患者質疑、挑戰自己的觀念，試圖去除非理性的想法，並將它轉換成理性的想法。

3. 常做自我肯定

若發現自己遇到事情都往負面想，先讓思緒暫停，不要繼續原來的思維，轉而思考一些對現況有幫助、有建設性的作法，跟自己說些激勵的好話，譬如：「憂心沒有用，什麼是我現在可以做的？」「緊張是必然的，它是用來提醒自己，所以輕鬆點，事實上，我已經很努力了，也做得不錯了。」「事情並不像我想像的那麼壞。」「情況愈來愈能控制了。」

4. 做好時間管理

時間緊迫、不夠用，會使人更感壓力，所以，時間管理做得好，壓力自然少。建議先找出浪費時間的原因，規劃時間的運用，依事情的輕重緩急程度，列出「緊急且重要」、「緊急但不重要、」「不緊急也不重要」的處理順序，避免過度承諾、學習適時說不、多授權、有效率的召

開會議等，都是讓自己變的有時間、不忙、不趕的技巧。

5. 建立與運用支持系統

　　不管是焦慮症、躁鬱症或憂鬱症患者，都很需要外界的陪伴及幫忙，不論親友或心理輔導專業人員，都是支持系統，只要患者願意分享困難、需求或心情，都對病症有幫助。

病症 3：躁鬱症或強迫症

　　不管是躁鬱症或強迫症，基本上患者已有病因，工作壓力只是引發病情發作，詹佳真醫師表示，強迫症也算是焦慮症的一種，其他像焦慮引發的恐慌症、社交畏懼症，都是從焦慮症衍生而來。

打擊躁鬱或強迫症
你可以這麼做

　　躁鬱症患者通常不自覺或不認為自己脾氣大，但周遭人士已被患者大聲說話、明顯的急性子，或因小事，一發

不可收拾的脾氣給嚇到。患者多須服用藥物，導正身體化學物質的不平衡。

　　至於強迫症病人，症狀是時時無法停止腦內重複性的思考。詹佳真醫師舉例，常見病人覺得手洗不乾淨，一洗再洗，這時就要停止他重複性思考，加強他的理性思考，如果不靠藥物輔助，至少要練習 3 個月才能看到效果。當然，也有人的症狀是：做完某件事情，須緊接著做第二件事，兩件事須連著做，而治療強迫症最好的辦法還是服藥控制。

（採訪整理／吳宜亭）

 # 檢測
你的工作壓力

　　你的工作帶給你壓力嗎？英文的 stress（壓力）和 pressure（壓力）有一些不同。我們每天都會感受到 pressure，需要它來增強動機。然而，過多的 pressure 會造成有害的 stress。

　　以下由英國 National Health Service 設計的測驗，有助於你了解目前在工作上是否承受了過多的壓力，以便及時調整、喘口氣，或向外求助。

　　你可依據自己的狀況選擇最適合的一項，最後將每題的得分加總計算，再參考分析說明的建議：

問題

1. 你如何管理上班時間？

　　a) 我的時間很彈性，我可以決定工作方式以及休息時間。（0分）

　　b) 我可以決定部分的工作方式，但仍希望有更多的決定權。（1分）

c) 在工作上我沒有太多的掌控權。（2分）

2. 當工作內容需要改變時，情況是？

a) 我有很多機會和老闆談論工作上的任何改變。（0分）

b) 當工作有所變動時，我們總會事先被告知，但並沒有太大的決定權。（1分）

c) 我們不會被告知要做的改變，和老闆討論也有困難。（2分）

3. 你與老闆和督導相處得如何？

a) 我相信他們能協助我解決問題、鼓勵支持我。（0分）

b) 我能和他們談一些在工作上的煩惱和令我生氣的事情，不過也就僅止於此。（1分）

c) 我和他們處得不太好，也不覺得受到很多支持。（2分）

4. 你和一起工作的人相處得如何？

a) 同事願意幫助我，總是願意聆聽我在工作上遇到的任何問題。（0分）

b) 我不認為同事給我許多支持。（1分）

c) 我和他們相處得還可以但不會和他們討論任何問題。

（2分）

5. 下列的描述中，哪一項是造成你的問題的原因？（可以複選）

a) 工作中有人以不友善的言語和行為騷擾你。（2分）

b) 和同事發生摩擦與爭執。（1分）

c) 被一個或多個同事霸凌。（2分）

d) 與一些同事的關係是困難或緊張的。（1分）

e) 以上皆非。（0分）

6. 下列哪一項最適合描述你對自己工作角色的看法？

a) 我很清楚自己的工作職責以及如何達成工作目標。（0分）

b) 我很清楚自己的職責，然而有時沒辦法完成所有的工作。（1分）

c) 我不清楚我的工作角色。（2分）

7. 你是否擔心下列所描述的狀況？（可以複選）

a) 不同的人對我提出的工作要求讓我感到有困難做出結

合。（1分）

b) 工作量太多讓我無法如期交差且必須忽略一些工作。

（1分）

c) 我必須非常努力工作，而且沒有充分的休息時間。（1
分）

d) 我有工作時間太長的壓力。（1分）

e) 以上皆非。（0分）

得分說明

0～3分

我們每天都要面對壓力，今天你的測驗結果顯示，在
雇主的協助下你的壓力管理得很好。

值得注意的部分是：

如果在工作中開始感到緊張有壓力，為避免造成更大
的問題，記得最好的方式就是找你的主管或督導談。這也
可改善工作環境，讓大家受惠。

3～9分

我們每天都要面對壓力，今天你的測驗結果顯示，在

你的工作領域中做一些改善可以避免不必要的壓力。試著找你老闆、督導、工會或人事部門討論，針對困惑或難處的地方給予合適的建議或調整。

9 ～ 40 分

我們每天都要面對壓力，然而今天你的測驗結果顯示，你正承受超過你的健康所能負荷的壓力，請在情況惡化之前盡快改善。找你的老闆、督導、工會或人事部門討論，並依循他們的建議作改善，如仍未改善建議尋求專業協助。

壓力測驗引用自英國 National Health Service **NHS choices**
www.nhs.uk

PART 2

放鬆心情，擺脫過勞

你是否覺得自己最近精神不振，

且超過半年以上？

還是睡再多都覺得很累？

或者容易胸口悶、胃酸多、眼睛酸？

還是有些症狀，就醫時又查不出病因，

小心這些可能是身體透支而誘發慢性疲勞症候群……

# 你是
慢性疲勞症候群？

「不知為何，睡再多都覺得累」、「胸口悶，容易泛胃酸」、「最近關節會痛，眼睛易酸」……當有這些症狀，就醫時又查不出病因，也許是身體透支而誘發慢性疲勞症候群。不過，可別小看它的威力，它還可能造成慢性疾病。

新光醫院家醫科主任陳仲達表示，一些患者有長期疲勞症狀，卻難以找出真正原因，醫學統稱「慢性疲勞症候群」，特別好發於中年女性。主要症狀為持續或斷續出現疲勞感長達 6 個月以上，伴隨全身無力、肌肉疼痛、關節疼痛、發抖、身體微熱、運動後不適感，在排除癌症等重症疾病的可能後，若疲勞感仍無法因睡眠或休息而減緩，日常活動力也降低，即為「慢性疲勞症候群」。

疲勞累積成負擔
身體警訊跟著來

勞委會的「勞工紓壓健康網」提供上班族疲勞自評參

考準則：「短期疲勞」一般在充分休息後，可完全恢復，如果工作負荷增加，休息之後疲勞狀況依然無法改善，就屬「慢性疲勞」，此時應注意身體是否出現生理疾病或是情緒陷入憂鬱傾向，如果情況不改善，就可能累積形成「極度疲勞」（亦即「過勞」）。

臺北醫學大學附設醫院家醫科主治醫師林神佑提醒，「慢性疲勞」者即便充分休息後體力有所恢復，但維持不久，便立刻感到疲勞，甚至因長期壓力導致腎上腺素不斷分泌，出現：噁心、耳鳴、頭痛、心悸、冒汗等血糖、血壓不穩定及心跳快速帶來的危害，也可能出現腸子快速蠕動、脹氣或腹瀉等腸躁症現象。

改變作息與釋放壓力
解套之道缺一不可

當過度疲勞出現生理狀況時，如果向醫師求助，可使用調節自律神經的藥物，壓制交感神經興奮，同時提升副交感神經的興奮度，達到情緒及自律神經的平衡。「臨床上觀察，約有 50％的人，可達到一定程度的改善，但有些人效果不明顯。」林神佑醫師坦言，如果不能轉換工作，

也無法改變作息及適度釋放壓力，就算吃藥也效果有限。

　　另外一種情況則是過於疲勞反而失眠，或是因工作壓力大而睡不著，導致白天在辦公室須硬撐著上班。遇到這種情況，最好盡速找醫生診斷失眠原因，或運用藥物助眠，以免拖久形成自律神經失調或神經衰弱，造成其他更嚴重的病症。

調整生活態度
從根本解決壓力問題

　　從專業醫生的立場來看，預防過勞症，可從排除疲勞的原因、改變生活型態、增加體力著手。譬如：正常作息、營養均衡、多運動、充足睡眠、適當休息及娛樂、禁菸、防治心血管疾病，及提供紓發心理壓力的管道。

　　此外，陳仲達醫師建議，「每年都應進行一次全身健康檢查，」雖然體檢無法檢測出壓力，至少能清楚健康狀態。中崙聯合診所心理師黃龍杰也補充，想避免身體出問題、有效排除壓力，「年度健康檢查很重要」，藉此先篩檢各項健康指標，再針對有問題的項目做追蹤。

　　像有些患者就醫時直喊累，認為肝臟不好，擔心工作

太累怕爆肝，但檢查後發現，九成以上肝功能都正常。醫師對於這些壓力過大或過勞，尤其 40 歲以上的族群，顧慮到長期疲勞會對身體造成不良影響，通常會建議加強心血管疾病的檢查，如膽固醇、三酸肝油脂、血糖、血壓、心臟超音波及心電圖，或電腦斷層等檢查，瞭解血管是否阻塞。

　　平時如果覺得身體不適，可先去「家醫科」就診，「家醫科就像入口網站，醫師屬於全科醫生，能先協助患者釐清問題，如果需要進一步檢查或治療，也會協助轉診。」若懷疑自己有過勞症，也不要驚慌，透過自我檢測，選對科別、看對醫師，基本上都可減緩症狀，當然生活態度也要有所改變，才是維持身體健康的根本之道。

（採訪整理／張慧心、秦蕙媛）

如何判定「慢性疲勞症候群」?

先期症狀	**1.** 6 個月以上持續性的疲勞感與虛弱感。 **2.** 日常生活活動力降低一半以上。 **3.** 疲勞感不會因睡眠休息而解除。
伴隨症狀	**1.** 低度發燒、發冷。 **2.** 喉嚨痛。 **3.** 頸部或腋下疼痛性淋巴腺腫。 **4.** 全身肌肉無原因無力或肌肉酸痛。 **5.** 無固定性的非發炎性關節痛。 **6.** 近期發生的廣泛性頭痛。 **7.** 睡眠障礙,嗜睡或失眠。 **8.** 精神症狀,如憂鬱、無法集中精神、健忘、畏光、躁動等。 **9.** 過去可勝任的活動,進行後會產生超過 24 小時以上的全身疲倦感。 **10.** 確定上述不適非其他疾病所造成。

(圖表整理╱大家健康雜誌)

女性慢性疲勞程度
大於男性！

　　多數「慢性疲勞症候群」患者，和長期工作緊張、高壓、處於疲勞狀態有關，尤其是長期生活不規律、超時工作、夜班工作量大、睡眠不足的特殊族群，如電腦族、醫護人員、輪班族，特別容易罹患。而沒被關心或支持、幾乎沒有休閒活動和嗜好者，也都容易被過勞找上門。

　　台灣華人身心倍思特協會理事長、精神科醫師楊聰財指出，美國哈佛大學曾針對護士進行健康檢查，發現護士的結腸癌比例，比一般人高出 30％以上，「如果長期承受工作壓力、沒有休息，免疫力自然會降低，反覆感冒、血壓升高、罹患心血管疾病等機率，也會比一般人高 3 ～ 5 倍。」

　　臺灣大學與行政院勞工委員會，在 2005 年 10 月，針對國內受僱者進行的問卷調查也顯示，臺灣女性慢性疲勞程度大於男性（約 2：1），發病年齡以 25 ～ 45 歲最嚴重。教育程度、位階愈高，愈容易因壓力引起疲倦感，原因可能和女性在家擔任「照顧者」的傳統觀念有關，等於在公、

私領域都身心俱疲。

至於職業引起的「急性循環系統疾病」，根據內政部和衛生署的統計，台北市近 10 年，33 ～ 44 歲死亡個案高達 20.5％。

臺北市立聯合醫院忠孝院區職業醫學科主任楊慎絢提醒，高壓力的主管人員，以及重體力、勞動時間長、需輪班、需長期站立、需承受熱暴露、噪音等工作型態者，都是「急性循環系統疾病」候選人。「如果是 A 型性格（容易有壓力、躁鬱、憂鬱），或個性上有神經質、容易緊張等傾向，或自我期許過高，更是高危險群。」

（採訪整理／楊錦治）

過勞死認定標準

主要原因	異常的事件	短期工作過重	長期工作過重
評估標準	■ **精神負荷**：會引起極度緊張、興奮、恐懼、驚訝等強烈精神上負荷的突發或意外事件。 ■ **身體負荷**：迫使身體突然承受強烈負荷的突發或難以預測的緊急強度負荷之異常事件。 ■ **工作環境變化**：急遽且明顯的工作環境變動。	■ 發病當時至前一天的期間是否特別長時間過度勞動。 ■ 發病前約1週內是否常態性長時間勞動。 ■ 依工作型態（表列）及工作壓力（表列）的觀點，評估工作時間外負荷因子之程度。	■ 發病日至發病前1個月之加班時數超過92小時，或發病日至發病前2至6個月內，月平均加班時數超過72小時。 ■ 發病日前1至6個月，加班時數月平均超過37小時，其工作與發病間之關連性，會隨著加班時數之增加而增強。 ■ 依工作型態（表列）及工作壓力（表列）評估伴隨精神緊張之工作負荷影響程度。

資料來源／勞委會，2010年12月修訂

1分鐘
快速檢測你的疲勞指數

　　請從下列選項中，選擇出符合您狀況的項目，答「是」愈多的人，疲勞值愈高，過勞的情況也愈嚴重。也可上以下網址做檢測，會有檢測過後的建議！

http://www.health.gov.tw/quiz/quiz_phy.asp?act=do&serial=1

1. 有時候頭會感覺劇烈的疼痛。	是	否
2. 常常感覺耳鳴。	是	否
3. 眼睛時常感覺疲勞。	是	否
4. 眼睛周圍感覺痛痛的。	是	否
5. 常常覺得頭暈暈的。	是	否
6. 有時候突然眼前一片黑暗。	是	否
7. 突然起立時，會感覺到相當眩暈。	是	否
8. 有若隱若現、短暫性的飛蚊症。	是	否

9. 不時感覺全身都軟趴趴的沒有力氣。	是	否
10. 放假日整天都昏昏沉沉，想努力放輕鬆，疲累感還是沒法消除。	是	否
11. 偶爾在上班時，會想要下班去休息一下。	是	否
12. 早上起床時，常常不想出門去上班。	是	否
13. 頸部和肩膀的肌肉僵硬，並感覺到痠痛不太舒服。	是	否
14. 懶得和其他人說話。	是	否
15. 偶爾心臟會怦怦、怦怦地跳動。	是	否
16. 脈搏相當微弱，有時後感覺心臟即將要停止。	是	否
17. 時常感覺胸部悶悶痛痛的。	是	否
18. 左肩、左手和下巴，會有偶發性的疼痛。	是	否
19. 有時會覺得自己的呼吸有些困難。	是	否
20. 偶爾有喘不過氣的現象。	是	否
21. 持續很多天在早上一起床時感覺身體相當疲累。	是	否
22. 腳部腫腫的，步伐相當沈重。	是	否
23. 吃任何東西，都覺得沒有味道，失去味覺。	是	否
24. 體重明顯下降或是上升。	是	否

25. 胃腸和腹部感到輕微疼痛。	是	否
26. 有時會有種像被關進狹小空間的感覺。	是	否
27. 時常有便祕或是腹瀉發生。	是	否
28. 手腳會發抖或是顫動。	是	否
29. 出現手腳麻木或是抽筋的狀況。	是	否
30. 手腳酸軟感覺無力。	是	否
31. 缺乏些許的安全感。	是	否
32. 感覺不是很快樂。	是	否
33. 常常感覺心情非常沈重。	是	否
34. 希望到遙遠的地方,過著平靜、沒人打擾的日子。	是	否
35. 很難入睡或是很淺眠,睡到半夜會醒來。	是	否
36. 有的時候想請假,在家裡休息一天。	是	否
37. 偶爾有想換工作的念頭。	是	否
38. 時常覺得事情變得很複雜,有不想管的念頭出現。	是	否
39. 有想要自殺的念頭。	是	否

資料來源／台北市衛生局

3 個方法
找出你的過勞原因

　　你是否覺得自己最近精神不振，且超過半年以上？如果是這樣，想想近來發生卻沒辦法用疾病或已知原因解釋的疲勞，這種疲勞不會因工作勞累就馬上產生，也不會因休息而立刻改善，如果有以上狀況，表示身體正發出紅色警訊，「疲勞」超過負荷了！

臺灣平均每 7.6 天
就有 1 名勞工過勞猝死

　　根據勞委會 2012 年所公布的最新統計，臺灣平均每 7.6 天，就有 1 名勞工因過勞而猝死，令人十分惋惜。

　　過勞死的發生雖然讓人「意外」，但壽險業者表示，過勞死並非「意外傷害事故」，無法獲得意外險的保障及理賠。

　　意外傷害事故的定義，是指「非由疾病引起的外來突發事故」，過勞死則是「當事人已有心理壓力或其他疾病，

不自知或不以為意，導致身體長期慢性疲勞，甚至積勞成疾、病發猝死」。

由於過勞症涉及的身心層面很廣，想預防或瞭解自己是否過勞，可透過以下 3 種量表：「心情溫度計」、「代謝症候群診斷標準」、「工作質量評估表」，從不同層面，挖掘過勞的真正原因。

（採訪整理／楊錦治）

1 心情溫度計
顯示苦惱來源

若你目前的身心狀態，符合以下 8 個選項中的 4 項：

1. 記憶力或注意力障礙

2. 喉嚨痛

3. 淋巴結疼痛

4. 肌肉酸痛

5. 多處關節疼痛

6. 頭痛

7. 醒來後難以入睡

8. 運動後不舒服超過 24 小時以上

這時，可利用「心情溫度計」做簡單的心情檢測，瞭解自己目前的身心調適狀態。

■進行方式

仔細回想最近 1 星期（包括當天），哪些問題讓你覺得困擾、苦惱，圈選最適合的答案，總分為 20 分，依得分評估心情困擾的程度。

身心適應狀況	完全沒有	輕微	中等程度	厲害	非常厲害
1. 感覺緊張不安。	0	1	2	3	4
2. 容易苦惱或動怒。	0	1	2	3	4
3. 感覺憂鬱、心情低落。	0	1	2	3	4
4. 覺得比不上別人。	0	1	2	3	4
5. 睡眠困難，譬如難以入睡、易醒或早醒。	0	1	2	3	4

■心情檢測說明

0～5分：沒有明顯困擾。

6～9分：表輕度，可尋找方法紓解壓力，如肌肉放鬆、深呼吸等。

10～14分：表中度，建議抽空就醫，做專業診斷。

15分以上：表重度，建議立即就醫，做專業診斷。

資料來源／台北市政府衛生局

2 代謝症候群診斷標準
掌握疲勞對身體的衝擊

對照「代謝症候群診斷標準」，若發現符合以下 5 項指標中的 3 項，或出現無法改善的疲勞症狀，可到內科、家醫科、神經科、新陳代謝科，或全能照顧的衛生所、基層診所做檢查。「尤其是 40 ～ 65 歲族群，可利用每 3 年一次的免費健康檢查，瞭解自己的身體狀況。」

台北市立聯合醫院忠孝院區職業醫學科主任楊慎絢提醒，除了疲倦外，若有心血管病症，可另至心臟科做治療與心肺復健；若中風導致行動不便，可到復健科做復健。

■進行方式

到醫院進行抽血檢測，對照以下的「代謝症候群診斷標準」是否正常。

1. 身體質量指數 BMI ≧ 27，或男性腰圍 > 90 公分，
   女性腰圍 > 80 公分
   【BMI= 體重（公斤 kg）／身高 2（公尺 ㎡）】
2. 收縮壓 ≧ 130mm Hg，或舒張壓 ≧ 85mm Hg

3. 空腹血糖 ≧ 110mg/dl

4. 三酸甘油脂 ≧ 150mg/dl

5. 男性高密度膽固醇 < 40mg/dl、女性高密度膽固醇 < 50mg/dl

■身體健康檢測說明

5項中具備3項，便符合代謝症候群診斷，也較容易罹患「急性循環系統疾病」（過勞症）。

資料提供／行政院衛生署國民健康局

3 工作質量評估表
揪出壓力的源頭

　　要判定是不是職業引起的急性循環系統疾病，填寫「工作質量評估表」，可提醒自己是否有「憂慮狀況」；專業醫師也會藉此量表，考量病人工作的規則和職業特異性，是否有「超過尋常工作的特殊壓力」。

　　「超出尋常工作的特殊壓力」是行政院勞工委員會判定「職業引起的過勞死」中的一項標準。醫師通常以「質」與「量」來衡量。從「質」來看，詢問病人是否經常加班、輪班，或常因突發事件需要到工作場所；以「量」來說，從出勤頻率、外出業務等公司紀錄，判定個案狀況。台北市立聯合醫院忠孝院區職業醫學科主任楊慎絢指出，「不規律工作，更容易有過勞狀況產生。」

■進行方式

評估最近（或發病前）的工作量是否超過尋常，其中一項答「是」的話，都可視為與職業相關的誘發因素。加班時數是指工時（每週 48 小時，或 2 週 84 小時）以外的時數。

評估指標		否	是	建議記錄加班 時數或相關事件
最近 24 小時	持續地不斷工作。	☐	☐	＿＿ 小時／天
最近 1 星期	每天工作超過 16 小時以上。	☐	☐	＿＿小時／星期
最近 1 個月	加班累計超過 100 小時。	☐	☐	＿＿小時／月
最近 2 ～ 6 個月	每月加班累計超過 80 小時。	☐	☐	＿＿小時／月
不規律工作	常臨時變更預定行程。	☐	☐	變更預定排程：＿＿ 次／月
工作時間過長	實際作業與準備時間的比例、休息或小睡時數。	☐	☐	實際作業：＿＿ 小時／週 準備時間：＿＿ 小時／週 休息或小睡時數：＿＿ 小時／週
經常出差		☐	☐	出差過夜頻率：＿＿ 天／月 說明交通方式：＿＿
經常輪班或值夜班	輪班變動、兩班間的時間距離。	☐	☐	輪班時兩班間隔：＿＿ 小時 夜班頻率：＿＿ 天／月
處於異常溫度環境	高溫、低溫或交替暴露。	☐	☐	
處於噪音環境	噪音超過 80 分貝，如工作環境靠近大馬路、或屬於機械操作型工作等。	☐	☐	
有時差		☐	☐	
工作時伴隨精神緊張		☐	☐	

資料提供／行政院勞工委員會勞工安全衛生研究所

PART 3
把壓力變成進步的助力

過大的壓力，會讓人感到沈重、難以承擔，

但是適當的壓力，如果管理得當，

反而能成為業績進步的助力。

不過，你懂得正確紓壓的方式嗎？

你用什麼方法紓壓，

當心錯誤的紓壓方式，讓你壓力愈減愈大！

你把壓力當敵人還是朋友？

　　臺北市立聯合醫院松德院區精神科主任湯華盛說，很多人都認為壓力不好，會讓人感到沈重、難以承擔。其實，也有好的、適當的壓力，若將壓力視為生活的一部分，管理得當，便能成為助力，使你的表現更好；但若處理不當，或視而不見，就可能成為健康的殺手。

　　臺北醫學大學附設醫院臨床心理師陳盈如也指出，良性壓力對工作反而有益、有建設性；適度的壓力可增強工作動機，讓做事更有效率。

平時就要訓練
在快節奏的生活中保持內心平靜

　　因此，平時練習把生活節奏變慢一些，如吃飯慢、說話慢、動作慢，最後做到即使動作快，心裡也不慌張，整個人就會穩定下來，壓力自然從慢的過程中消逝。此外，也可建立自己的情感支持網絡，有良好支持系統的人，較

能克服沮喪，調適壓力。

湯華盛醫師提出減壓 5 步驟：

1. 找出令你煩惱的原因：記錄讓你有壓力的人事物。

2. 改變你能控制的事物。

3. 如果改變不了周遭情況，就改變自己的想法。

4. 運動：有氧運動，每次 30 分鐘左右。

5. 培養休閒嗜好。

（採訪整理／施沛琳）

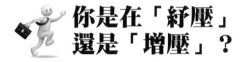 你是在「紓壓」 還是「增壓」？

購物、大吃一頓、找朋友暢飲，你還在用這些方式紓解壓力嗎？當心這些方法讓你壓力愈減愈大！

想讓壓力止步，每個人的方法不盡相同，不過，也有人用錯方法，「紓了老半天、壓力依舊在」，甚至因紓壓不當，導致健康拉警報。以下將由專家針對一般人常用的紓壓方式，一一解析是否真的能幫助揮別壓力、讓身心好好喘口氣。

購物可紓壓嗎？

當壓力大時，不少人會利用「購物」來紓解壓力，嘉義榮民醫院身心醫學科主任黃敏偉說明，從佛洛伊德的心理防衛機轉理論來看，購物具有一種「替代性補償作用」，有些人透過「買東西」找到壓力出口，甚至壓力愈大、買得愈多。

他提醒，瘋狂購物的行為只是暫時性發洩，讓人暫時

忘記惱人的事件，「血拚」完恢復理智後，還是覺得內心空虛，甚至因花費超出負荷，帶來債台高築的壓力，讓自己後悔不已。

大吃一頓可紓壓嗎？

有些人認為，只要狂吃一頓就能消除壓力，事實上這是錯誤思維。

黃敏偉醫師提及，大吃一頓對紓解壓力沒多大助益，反而只是一時逃避。許多上班族會在下班後拉朋友一起去火鍋店、熱炒店大吃大喝，但這些高鹽、高油、高普林、高熱量的食品一旦吃多了，不只腸胃受不了，身材還可能變形，消化功能不好的人更要避免。

吃黑巧克力可紓壓嗎？

近來，吃可可含量 80％以上的黑巧克力，蔚為新興流行紓壓法，不少人習慣在家裡擺上一盒，以備不時之需。黃敏偉醫師分析，黑巧克力中含有豐富的 tyrosine（酪氨酸），有增加人體血清素濃度、提振情緒的作用，但儘

管有紓壓效果，卻不宜過量。

　　黃敏偉醫師建議，最好在吃飽飯後或睡前攝取約 2、3 片口香糖大小的黑巧力即可，否則吃多了，同樣會出現成癮現象。

吃甜食可紓壓嗎？

　　許多人認為吃「甜食」會讓心情變好，黃敏偉醫師表示，「吃甜食」和「購物」同樣具有補償的心理作用，加上甜食含有高量的醣類及澱粉，會使體內血清素上升，適量攝取的確可能使人感覺愉悅放鬆，所以，很多人會將甜食與紓壓劃上等號。

　　不過，水能載舟、亦能覆舟，吃進過量甜食一樣易導致發胖與增加腸胃負擔，尤其糖尿病患者及體重超重者，更應適可而止。

睡覺可紓壓嗎？

　　睡眠不足易導致精神萎靡、火氣大，一遇到假日，很多人想把握機會好好睡到自然醒，補眠兼紓壓。但黃敏偉

醫師指出「過猶不及」，「睡過頭」同樣會讓人精神不濟。這是因為每個人都有「睡眠週期」，一旦睡超過 8 小時就易造成反效果、讓人愈睡愈累，對於紓壓沒有多大幫助！

因此，與其「睡得多」，不如睡得「剛剛好」，即使要補眠，至少不要睡超過 11 個鐘頭，以免陷入晚上睡不著、早上爬不起來的惡性循環。

看電視可紓壓嗎？

很多人一遇到假日，哪都不想去，只想待在家裡一直看電視或玩電動，加上零嘴吃不停，黃敏偉醫師說，日積月累易造成脊椎與雙眼負擔，也容易因一直坐著不動而身材走樣，對於怕胖的愛美男女來說，同樣不是妥當的紓解壓力方法。

打麻將可紓壓嗎？

打麻將雖有助於暫時忘記壓力，但久坐不動一樣易血液循環不良，導致四肢酸麻，甚至因憋尿過久，造成尿酸沈澱、影響健康。

　　高雄市立凱旋醫院身心科主治醫師林昌億建議，民眾打麻將時，最好「每隔半小時或 1 小時」就站起來做做伸展操、舒展四肢，順便喝口水或上個廁所，以免增加身體負擔。

抽菸可紓壓嗎？

　　大家都聽過「飯後一根菸，快樂似神仙」，這句話不但讓癮君子奉為圭臬，更成為不少人的紓壓方法。然而，吞雲吐霧真能趕走壓力嗎？

　　林昌億醫師表示，「抽菸」是紓壓的「下下策」，菸中的尼古丁成分易使人成癮，長期下來還會提高罹患支氣管炎、或心血管疾病、或慢性阻塞性肺炎、或肺癌的機率，讓身心更疲憊。

喝酒可紓壓嗎？

　　在偶像劇中，常出現某人因壓力太大，藉酒澆愁的劇情。這些畫面在黃敏偉醫師眼中看來，是「不良示範」。他指出，常喝酒的人易酒精成癮，且飲酒過量會導致酒精

中毒，提高脂肪肝、肝癌、口腔癌發生機率。此外，晚上喝得酩酊大醉，隔天一早易精神萎靡，此時若友人來訪或要拜訪親友，都會留下不好的印象。

躲進網路世界可紓壓嗎？

有些人會選擇躲到網路世界裡，逃避生活、工作上的壓力與不愉快。對此，林昌億醫師提醒，無論是網際網路，還是線上遊戲，都不是真實世界，無法真正解決現實問題與壓力。此外，過度沈溺虛擬世界，易導致人際疏離，也會加重眼睛與手指負擔，反而讓自己更疲憊。

（採訪整理／張明華）

壓力的病痛
怎麼擺脫？

　　美國壓力學院的研究指出，高達八成以上的疾病直接或間接與壓力相關，許多人常對工作壓力引起的疾病視而不見，認為有壓力是正常的，但你可知道，它正一點一滴吞食你的健康！

　　忠傑近日為了公司的專案計畫，忙到昏天暗地，不但整天盯著電腦螢幕，晚上睡覺前還抱著資料閱讀，為了應付隔天的工作，他逼迫自己要休息一下，可是不管怎麼做，思慮就是靜不下來，在床上翻來覆去，常要搞到3、4點才能入睡，就醫後才發現自律神經失調……

　　培雯是個好勝心強的女強人，做事一絲不苟，但這種要求超完美的個性，導致她有緊張性頭痛的毛病，毛病一犯就吞止痛藥，偏偏工作帶來的壓力漸漸超過體能所能負荷，經醫師診斷後，發現她還患有因壓力引起的大腸激躁症……

　　臺灣上班族因工作誘發壓力病症時有所聞，醫師指出，這種職業病，多數在離開工作後不藥而癒，但也有很多人因工作帶來的壓力賠掉健康，以下就 5 種壓力導致的常見疾病，提醒您如何緩解。

壓力誘發→頭痛

　　有緊張性頭痛經驗的患者，一定能體會唐僧念起「緊箍咒」，孫悟空頭上的金箍，頓時緊縮、箍痛的感覺，這都是壓力太大，導致頭部肌肉緊縮，使緊張性頭痛發作。萬芳醫院副院長，同時也是家醫科主治醫師謝瀛華指出，在他經驗中，工作壓力病以頭痛最為常見，甚至超出失眠或腸胃不適。

■ＤＩＹ緩解法

　　緊張性頭痛和偏頭痛不同，主要是肌肉緊縮所致，此時，可適度地按摩頸部肌肉，工作到一半，記得做幾分鐘的頭頸部轉動體操，不要讓頭頸肌肉僵硬。謝瀛華提醒，如果按摩力道不好，可能會有反效果，不妨用熱毛巾按壓

肩頸部，刺激血液循環。

　　頭痛會如此常見，主要是現在上班族多以電腦處理公文，長時間維持同一種姿勢，因此，每隔一段時間，一定要走動一下。他建議，患者最好保持充足睡眠、適度運動，不要吃刺激性食物。

　　坊間有種說法是吃蜂蜜，可緩解緊張性頭痛，但他認為，這只是心理作用，應該沒有效果。

■可向誰求助？

　　當病人發覺頭痛已影響作息時，建議到「神經內科」就診治療。一般來說，醫師會給予止痛藥或鎮痛劑緩解，甚至做腦波檢查，確認有無腦部疾病。很多人腦部檢查沒問題，常是工作壓力所致，因此，吃藥只是治標，根本之道還是要對抗壓力。

壓力誘發→失眠

　　謝瀛華醫師指出，門診中有許多個案是長期嚴重失眠，須服用抗憂鬱藥物或安眠藥，其實，失眠不是無法根治，應同時考量生理與心理因素。有長期失眠及情緒困擾

者，多有自律神經失調的問題，治療主要提供心理諮商、潛意識治療，還可配合針灸，經過多次療程，慢慢減低患者的安眠藥劑量，甚至不必借助藥物，即可安然入睡。

■ＤＩＹ緩解法

失眠往往是壓力大所引起，謝瀛華說，其實只要觀念轉一下，接受人生的不完美，很多困境就能迎刃而解。

如果想靠食物減緩失眠症狀，建議睡前喝一杯熱牛奶，因牛奶中的色胺基酸，有助穩定神經，這也是目前醫界較認可的飲品，至於坊間說，喝大棗酒或核桃茶等，他認為，應該是廣告療效，心理作用居多。

他也強調，培養良好的「睡眠衛生」習慣很重要，例如：少喝咖啡、茶、酒等刺激性飲料，維持舒適的睡眠環境，規律的睡眠作息，臥室除了睡覺和親熱這兩件事，不要在床上進行看書、看公文、打電動等干擾睡眠的雜事，才能一夜好眠。

■可向誰求助？

若失眠患者無法自我緩解，建議可到醫院的「家醫科、身心科、精神科、神經內科、或專攻睡眠呼吸暫停症

候群（打鼾）治療的胸腔科」就診。若導因於心理困擾，醫師也會轉介給心理師，給予心理諮商。國內也有很多醫院設有睡眠中心，幫助患者解決嚴重的失眠問題，像萬芳醫院將睡眠中心附設在家庭醫學科，也有醫院附設在胸腔科、耳鼻喉科或身心內科。

壓力誘發→腸胃毛病

「胃為心之窗」，我們的心情好壞，可透過大腦、內分泌和自主神經系統的交感和副交感神經，改變胃腸的蠕動和消化液的分泌。所以，長期處於壓力狀態的人，不但食不知味，也易罹患消化道疾病。

另外，還有人因壓力大暴飲暴食，臺北長庚醫院新陳代謝科主治醫師黃朝俊表示，工作壓力大會使人暴飲暴食，導致血脂肪、尿酸過高，此時，醫師多建議病人調整飲食習慣，甚至給予輕微的鎮定劑，但最終仍希望患者先解決工作壓力！

人在承受壓力時，胃黏膜會變薄，一般來說，工作壓力引發的腸胃毛病，小則像暴飲暴食引發腸胃悶痛，或表淺性的胃炎、拉肚子，嚴重則是飲食不定時，導致胃酸過

多、胃痛、胃潰瘍、十二指腸潰瘍，甚至造成大腸激躁症、神經性便祕。

■ＤＩＹ緩解法

　　建議患者不要給自己太大壓力，醫師強調，菸、酒、咖啡這類刺激性食品，能免則免，也切勿靠吃東西來紓解壓力，另外，適當運動、充足睡眠都是對腸胃較佳的生活習慣。

　　如果有腹瀉現象記得多喝水，若症狀嚴重，就先餓著，等好點時，再吃易消化的食物。

　　如果有便祕情形，早上起床後可先喝一杯 500CC 的水，刺激便意。除了運動、多喝水外，建議吃纖維質高的食物，如地瓜，牛蒡等，優酪乳也是治療腸胃毛病不錯的飲品，特別是治療大腸激躁症。

　　坊間有一種治療便祕的方法是蒸紅薯吃，紅薯的白色黏液能清理腸子，所以蒸完後不剝皮直接食用即可。紅薯皮所含的礦物質成分能有效抑制糖分的異常發酵，紅薯葉或莖部也有相同療效。

　　至於大腸激躁症，又拉肚子、又便祕，怎麼辦？黃朝俊醫師說，醫學研究發現，有些人受到壓力時，會間接改

變神經和內分泌系統，因而影響大腸運動，如果能減輕工作壓力，避免情緒反應，便能減緩大腸激躁症。至於藥物治療方面，有些醫師會以抑制蠕動的藥物治療腹瀉、刺激蠕動的藥物治療便祕，甚至有醫師開控制情緒或抗憂鬱藥物，治療大腸激躁症。

■可向誰求助？

「新陳代謝科、家醫科」皆可。一旦患者感覺腸胃毛病已影響生活作息，或無法靠止痛藥暫時緩解疼痛時，就須轉至醫院「腸胃科」，做進一步治療。

壓力誘發→肌肉痠痛、無力

肌肉痠痛或身體無力是上班族長期疲勞易有的症狀，因長時間的工作壓力，類似感冒的症狀一再出現，如淋巴節腫大、輕微發燒，使個人免疫力失調，代謝變差。

■ＤＩＹ緩解法

根本之道仍是避開工作壓力，警覺工作量是否超過負荷，此外，平時飲食均衡、多運動，以增加自我免疫力。

肌肉痠痛可能和肌肉過於緊繃有關，建議患者用熱毛巾熱敷、按壓。

■可向誰求助？

家醫科、身心科、精神科。

壓力誘發→圓禿

因壓力大引發的圓禿，俗稱鬼剃頭，症狀是頭上突然掉一塊區域的頭髮，或皮膚長出一塊塊很癢的紅塊，治療方法除了靠藥物，也需搭配解除壓力因素。

■ＤＩＹ緩解法

減輕工作壓力是治本之道，像皮膚科醫師常看到的病人是一夕間鬼剃頭，須靠皮囊治療，甚至植髮，如果病人不能減輕壓力，醫師也不能保證還會再發生。

■可向誰求助？

家醫科、身心科、精神科、皮膚科。

（採訪整理／吳皆德）

# 7大健康紓壓法
有效釋放壓力！

　　臺北市立聯合醫院中興院區一般精神科主治醫師詹佳真、嘉義榮民醫院身心醫學科主任黃敏偉與高雄市立凱旋醫院身心科主治醫師林昌億，特別結合醫學觀點與自身經驗，提出 7 大正確又健康的紓壓方法：

1. 腹式呼吸幫你放輕鬆

　　重點是「和平常胸式呼吸的方式相反」。詹佳真醫師表示，先深吸一口氣，盡可能讓腹部隆起，讓空氣進入腹部，再收縮腹部，慢慢把氣呼出去。連續進行數分鐘，一直到自己的呼吸順暢，心情平和。一般人平常可多練習，有助自我放鬆，做完後，再進入下一個肌肉鬆弛法。

2. 肌肉鬆弛法，消除緊張

　　安排一個舒適的坐椅和空間，按照頭→手→軀幹→腳

的順序，讓自己感覺各部位肌肉，逐漸緊張，再逐漸放鬆。
透過肌肉的「由緊張到最放鬆」，消除心裡的緊張。

　　詹佳真醫師指出，嚴格來說，肌肉鬆弛法是「放鬆練
習三部曲」之一。每個精神緊張的人都適合練習。首先是
「肌肉鬆弛法」，按照上述方法，放鬆肌肉；其次是「想
像放鬆」，不受時間地點限制，自我想像肌肉從緊到鬆的
過程；最後是「冥想式」，想像自己到別的情境裡，例如：
在海邊放鬆。這三部曲都有助於精神放鬆。

3. 運動333，激發快樂荷爾蒙

　　這幾年運動風氣大行其道，無論是登山、健行、騎
單車還是游泳，都有人投身其中，像身兼臺灣卡內基創辦
人、知名作家等多重身分的黑幼龍，就是透過每天1小時
的快走運動，達到紓壓健身的效果。黃敏偉醫師表示，透
過適度運動，不但能強化心肺功能、活絡四肢，還可幫助
「腦內啡」生成、分泌提振情緒、紓解壓力的「快樂荷爾
蒙」，是最有效無害的紓壓方式之一。

　　為了達到紓壓效果，林昌億醫師也建議秉持「運動
333」原則，保持每週運動3次、每次運動30分鐘、每次

心跳達 130 以上的運動頻率，讓自己保有健康體態，也能向惱人的壓力說 Bye-Bye！

4. 放聲大笑，釋放壓力

笑也能紓壓？別懷疑、這是真的！黃敏偉醫師解釋，根據國外研究指出，大笑有助於強化腦內啡、提升免疫力及降低壓力，達到調劑身心的功效。正因大笑好處多，印度還興起大笑紓壓風潮，上千名印度警察在老師帶領下放聲大笑，藉由笑聲釋放壓力。所以，當心理壓力大時，不妨大笑幾聲，讓「笑」一解千愁！

5. 正向思考，化壓力為助力

林昌億醫師表示，每個人承受壓力的程度就像一個「碗」，一旦壓力超出「碗」的負荷，就會讓人壓力倍增，「正向思考」有助於讓自己從「小碗」變「大碗」，壓力自然也會得到紓解。他表示，壓力的產生往往在一念之間；當一個人用正向樂觀的心態看待壓力時，壓力反而會變成加速自己進步的動力。

6. 閱讀、看電影，壓力滾邊去

　　黃敏偉醫師說，身為工作忙碌的精神科醫師，他最好的紓壓方法就是閱讀，從品味書香中紓解壓力，而除了看本好書外，像是看場好電影、聆聽好音樂等，都有助於紓解壓力，同時豐富心靈層次。

7. 旅遊，讓心一起深呼吸

　　林昌億醫師表示，當一個人壓力過大時，不妨讓自己離開幾天，「旅遊」就是不錯的紓壓選擇，到外頭走走，一方面沉澱思緒、一方面增廣見聞，讓壓力釋放、心靈深呼吸。

（採訪整理／張明華）

10 個妙點子
讓上班氣氛不一樣！

上班得認真，但也別忘了適時休息一下。10 個小方法，提醒自己中斷工作，充個電再繼續努力！

1. 電腦下載軟體或等待頁面轉換時，站起來伸個懶腰或走出去上廁所。

2. 放置定時器或以手錶、電腦提醒自己倒杯水來喝，或安插喝茶或喝咖啡時間，放鬆筋骨，順便整理思緒。

3. 中午休息時趴睡記得墊個枕頭，醒來後記得上廁所，或到附近蔬果吧買杯現打果汁。

4. 多學 2 招辦公室放鬆操，如深呼吸、轉眼珠運動、桌椅如意操、十巧手。

5. 平日收集一些笑話或幽默短片，累的時候可以打開來欣賞，幫助自己保持好心情。

6. 在辦公桌上擺兩盆綠色植物或養一小缸魚，強迫自己每天一定要餵魚或替盆栽澆水。

7. 和同事講話不要隔空吆喝，站起來走過去輕聲細語交

談，趁機舒展筋骨。

8. 帶些需要剝皮或清洗的水果，提醒自己在餐與餐間吃，
吃完站起來走去丟廚餘並洗手。

9. 打電腦的手一定要放鬆，所以打完一個段落，可以十指
抓抓放放，轉轉手腕。

10. 使用環保餐具並且自己清洗，讓心情有所轉換。

（採訪整理／張慧心）

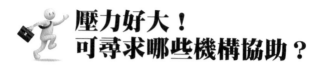 壓力好大！ 可尋求哪些機構協助？

現代生活壓力來源五花八門，工作、家庭或人際關係等，你覺得壓力好大，卻不知道可以找誰聊一聊嗎？其實有許多政府與民間團體，隨時準備好聽你「一吐苦水」！

不管任何事都會被主管罵，上班精神變得很緊繃，很想努力做好事情，但事與願違每天都有不同狀況發生，感覺好無能……

對未來感到一股無力感，不知道為什麼一直覺得心情很沉悶，自己似乎什麼事都做不好….很怕自己被公司裁員，一想到就覺得好害怕，沒有勇氣再去找尋新工作……

身旁的同事講話總是帶酸又帶刺，雖然常告訴自己不要去理她，但真的不喜歡她這樣的話語，無法阻止她只能不斷忍耐，好痛苦！快要到極致了！不想跟同事撕破臉真的不知道該如何是好？

　　身為菜鳥，要學好多東西，加上自己常忘東忘西，在公司跟同事也沒話聊，導致在公司常常不說話，感覺自己好孤單、好無助。好不容易熬到下班，回到家為了不讓家人擔心，還要忍住不說在公司的狀況。由於一直壓抑工作上的不愉快，內心的委屈一直找不到可以宣洩的出口，感覺自己的情緒快要崩潰…

你可以這樣做

　　面對職場上種種壓力，不管是主管、面臨失業或是人際關係的經營，如果支持系統，情緒沒有適時紓解，將導致心理承受過大的壓力，而影響工作上的表現。

　　如果沒有適合的親朋好友可傾訴，以下為政府及許多民間團體的資源介紹，都有提供免費的電話服務。

單位名稱	聯絡方式	網站名稱
全國各地衛生所／中心	(02)8590-6666	http://www.doh.gov.tw/healthoffice/
生命線（全國）	直撥 1995	http://www.life1995.org.tw/
張老師（全國）	直撥 1980	http://www.1980.org.tw/
宇宙光全人關懷網	(02)2363-2107	http://www.cosmiccare.org/
中華民國生活調適愛心會	(02)2759-3178	http://www.ilife.org.tw/

　　經由專家的諮詢能讓內心的壓力獲得適時的紓解，其實自己也可以嘗試做些自己喜歡的事，將注意力集中於喜歡的事上，不再去多想不好的事情。

　　此外，職場上總是擔心面臨失業，政府針對失業勞工有提供相關方案，像是就業服務、社會救助、子女協助等，協助在找到合適的工作並提供資金援助，詳細情況可至行政院勞工委員會查詢。面臨失業風波建議可再學習另一項技能，政府有提供職能訓練課程，擁有多重技能在找工作時，也較有優勢，使業主願意雇用。

資料提供／財團法人董氏基金會心理衛生組

PART4
補元氣，吃出好心情

如果壓力一大，就會想找食物來慰藉嗎？

如果選擇某些食物，的確能適時地舒緩壓力，

到底哪些食物有提神、抗壓的魔力，讓人充滿活力？

我們特別訪問中醫師教你祖宗的提神妙方，

幫你補足元氣！營養師教你吃對食物，恢復好體力！

吃什麼食物
才會有好心情？

你是壓力太大，就會找食物慰藉的人嗎？事實上，選擇某些食物，的確能適時地舒緩壓力，到底哪些食物有抗壓魔力，讓人充滿活力？

甜蜜的糖果、誘人的蛋糕、令人無法抗拒的巧克力，加上一杯濃郁咖啡，都代表午後令人期待的美妙時光，給人一股快樂與幸福感，但吃甜食真的有抗憂鬱的作用嗎？什麼食物可以讓人心情愉快，遠離憂鬱？

吃出好心情撇步 1
咬一口巧克力吧！

沮喪時，巧克力是許多人用來提振情緒的首選。振興醫院營養師林孟瑜表示，巧克力成分中有一種「含氮的生物鹼」，是神經興奮劑的成分之一，能刺激大腦皮質、中樞系統，提振精神，讓人反應變靈敏。

巧克力還含有微量的「色胺酸」，這是一種胺基酸，

在神經傳導的過程中扮演重要角色，它能讓大腦製造血清素，維持神經系統的穩定，使人有放鬆、愉悅的感覺。另外，巧克力含有「鎂和鈣」，可放鬆肌肉和穩定神經。

　　儘管巧克力有諸多成分能使人保持心情愉快，但不代表就是奔向快樂的仙丹，如果吃太多，恐適得其反。

　　國外專家便曾實驗，將接受實驗者分成兩組，一組是「經常吃巧克力的愛好者」，另一組是「精神憂鬱，藉吃巧克力來減輕壓力的人」。

　　結果發現，巧克力含有的咖啡因對神經傳遞有少許興奮作用，所以兩組人吃巧克力後都出現愉快反應，但是吃巧克力減輕壓力的人，一旦停止吃巧克力，反而比之前更加沮喪。尤其是平常不吃巧克力且精神沮喪人，如果以吃巧克力來化解情緒，振奮感無法長期持續，一旦不吃，沮喪感往往更加強烈。

　　林孟瑜營養師補充，研究指出，純度 55 ～ 75％的巧克力，口感接受度最佳，內含成分也足夠帶來愉悅感，建議每天吃 50 ～ 55 克，即能達到健康效果。

　　市售巧克力往往添加過多糖分及牛奶，購買時可多留意營養標示，買純度高、含糖量少的巧克力，每日淺嚐一些，達到放鬆效果即可。

吃出好心情撇步 2
多吃深海魚或堅果

　　魚油常被認為能改善憂鬱，林孟瑜營養師解釋，魚油含有豐富的「Omega-3 不飽和脂肪酸」，研究證實，Omega-3 對協調神經傳導有效，多吃可間接活化腦細胞，讓頭腦思緒清晰，幫助情緒穩定，改善憂鬱、焦慮。若要從天然食物中攝取，可吃鮭魚、沙丁魚、鯖魚等深海魚類，吃素者則可攝取含有亞麻油酸的核桃、腰果、杏仁果等堅果類食物。

吃出好心情撇步 3
五穀雜糧 in，甜食 out

　　「澱粉類食物」或「含單糖的甜食」都會轉化為葡萄糖，林孟瑜營養師表示，葡萄糖是唯一能進入大腦細胞，供給大腦能量的來源，攝取適量的葡萄糖，則大腦吃飽飽，精神自然好，間接帶來心情愉悅。

　　臺北馬偕醫院營養課課長趙強則指出，在選擇上，全穀類食物，如糙米、全麥麵包、五穀飯等，促進健康和情

緒穩定的效果，遠比蛋糕、糖果等甜食來得好，是抗憂鬱
的好選擇。

　　他解釋，零食、蛋糕、糖果等食物所含的單糖，人
體能快速吸收，對血糖影響很大，吃多會使血糖上升，而
血糖偏低的人吃多了，血糖會暴起暴落，導致壓力荷爾蒙
（腎上腺素）不穩定，讓人處理事情的能力降低，間接造
成情緒不穩定、焦慮和憂鬱，他形容吃完後的心情是，「半
小時內精神高漲，之後心情開始沮喪」。

　　然而，非精緻的五穀雜糧吃進肚子後，澱粉轉化為醣
分，消化和吸收的速度會拉長，持續穩定地供應葡萄糖給
大腦和身體，如此一來，血糖穩定、頭腦清晰，處理事情
的能力變高，情緒自然少了憂鬱、多了愉悅。

吃出好心情撇步 4
三不五時多喝水

　　多喝水也是保持心情穩定的良方。林孟瑜營養師說，
如果水分攝取不足，人體廢物代謝會不完全，每人每天應
攝取的水分，約為體重乘上 30，如體重 50 公斤，則 1 天
至少需喝 1500CC 水分，才能幫助全身機能順利運作，維

持情緒穩定。

吃出好心情撇步 5
新鮮蔬果汁比加工品好

B1、B2、B6、B12 及葉酸等維生素 B 群，在身體代謝與能量轉換上扮演重要角色，當缺乏維生素 B 群，會使身體能量轉換變慢，精神難以集中，情緒煩躁。而各種微量金屬，如：鈣、鉻、鎂、錳、硒和鋅等，也是身體維持最佳狀況的必需品。

趙強營養師建議，平常可多吃鈣含量多的小魚乾、牛奶、黑芝麻，也可從五穀雜糧、深色蔬菜、肉類、水果中，攝取鎂及多種維生素。總體來說，均衡地攝取各類飲食，就可獲得完整的營養素，改善精神狀況。若平時飲食不太均衡，壓力大時，可喝新鮮蔬果汁或補充維他命錠劑，以補充不足的能量。

相對的，常吃高油脂食物，或精緻的加工食品，對於鎮定精神會造成反效果。高油食物在烹調過程中油脂變質，產生過多自由基，會損耗維生素 B 群，影響神經系統的運作；而加工食品在製作過程中，維生素與礦物質都

不見了，且添加物和鹽分過高，會使血壓上升，使精神處
在較緊繃的狀態。

靠食物紓壓
得吃對才行

　　林孟瑜營養師說，食物影響情緒的原因是，其中含有
某些營養素特別豐富，傳導到神經系統和大腦中，間接影
響心情，不過，不是所有影響都是好的，像糖果、巧克力、
咖啡、酒，及餅乾、零嘴等精緻的加工食品，都會影響神
經系統的傳導、血糖及血壓的升降，吃太多不會讓心情愉
快，還會造成反效果，生理影響心理之下，憂鬱更加難解。

　　趙強營養師建議，想消除壓力，得先找出壓力來源，
去處理並藉由運動讓壓力荷爾蒙下降，達到血糖穩定，紓
解壓力的效果，再搭配均衡、自然、新鮮的飲食，多補充
上述對大腦清晰、神經傳導有益的食物，如：適時的補充
魚油、維生素 B 群，及多吃蔬菜、水果、牛奶、全穀類、
深海魚，及注意多喝水，避免過量的巧克力、咖啡、酒，
及油炸和加工食品，就可逐漸告別憂鬱，迎向健康的好心
情。

酒不是紓壓萬靈丹
當心藉酒澆愁，愁更愁！

　　「藉酒澆愁愁更愁」，古人的經驗也被國外的研究印證，酒精對人體神經系統的影響很大，剛喝酒的一段時間內，精神亢奮，但飲酒過量，6 ～ 12 小時後，情緒會彈性疲乏，變得不穩定及焦慮。而過量飲用咖啡，咖啡因對人體造成的效果亦然，一開始精神亢奮，興奮過頭反而變得更累。振興醫院營養師林孟瑜建議，飲用咖啡一日不要超過 500CC，飲酒量更要嚴格控制。

　　心情不好都是食物惹的禍？臺北馬偕醫院營養課課長趙強表示，通常都是先有某些壓力來源，才會使人飲酒或喝咖啡過量，不能把憂鬱理由都怪到食物上，任何會讓心情變好的食物都是短暫的，過量依賴某種食物都可能矯枉過正，唯有進行「壓力管理」，才能根除憂鬱情緒。

（採訪整理／黃又怡）

中醫師教你
正確補元氣的方法

　　一上班就猛打哈欠，做什麼事都提不起勁？想解決這些問題，提升職場的競爭力，創造好業績，得從補足元氣開始！快來試試老祖宗的提神妙方，幫你趕走疲勞、蓄滿能量，提升職場戰鬥力！

　　中醫一向注意食補，中國醫藥大學北港附設醫院中醫部主治醫師楊淑媚表示，有 4 類虛性體質的人較易感到疲勞、精神不濟等狀況，以下即針對各類虛性體質建議適合的食物：

1. 氣虛體質

症狀》 呼吸氣短、神疲乏力、懶得講話、講話聲音較小、臉色白沒有光澤、東西吃得少且消化差、易流汗。

多吃》 葡萄、龍眼肉、紅棗、桃子、櫻桃、草莓、釋迦、山藥、蘑菇、南瓜、熟蓮藕等可補氣。

2. 血虛體質

症狀》 面色萎黃、上下眼瞼翻開來看是蒼白無血色、嘴唇較蒼白、指甲較淡白、頭暈眼花、蹲下去再站起來容易頭暈、心悸、容易健忘、失眠睡不著、心情易煩躁、手腳會麻、易掉頭髮、指甲較脆薄且易斷、隱隱頭痛不很劇烈。而且，月經會晚來，甚至超過一個月來一次，且月經量少、顏色較淡，嚴重血虛者會有月經不來的現象，易流產，有的人有便祕現象。

多吃》 葡萄、荔枝、紅棗、龍眼肉、桑椹、百香果、櫻桃、桃子、菠菜、紅莧菜、黑木耳、蓮子等可補血。

3. 陰虛體質

症狀》 一陣熱消退後又一陣熱，熱屬於自覺性發熱，體溫不見得會上升，熱退時會盜汗，稱為潮熱盜汗。手足心摸起來熱熱的，心情也易煩躁，身體消瘦。一到下午，兩顴紅紅熱熱，嘴巴及咽喉乾燥，頭暈目眩，失眠睡不著，小便量少，小便顏色偏深黃色，大便較乾硬。

多吃》可食涼性蔬果，如：楊桃、橘子、枇杷、梨子、草莓、山竹、火龍果、油菜、莧菜、芹菜、菠菜、萵苣、金針花、黃瓜、絲瓜、綠豆芽、黃豆芽、磨菇。此外，也可補充桑椹、草莓、白木耳、黑木耳。

少吃》陰虛者易有虛火，不建議食用溫熱性蔬果，如：榴槤、荔枝、龍眼、辣椒、大蒜、韭菜、杏仁、柚皮（柚子皮，陰虛燥咳者不宜多食）、橘皮（橘子皮，陰虛燥咳者慎用）。

4. 陽虛體質

症狀》怕冷且手腳容易冰冷，疲勞倦怠，體力差，呼吸氣短，懶得講話，易流汗，臉色呈淡白色，嘴巴感覺沒有味道，吃東西較沒滋味。較不會口渴，水喝得少；小便清清、量多，大便質軟稀或有點拉肚子。

多吃》溫熱性蔬果，像荔枝、龍眼、桃子、梅子、椰子肉、櫻桃、榴槤、釋迦、韭菜、蔥、大蒜、香菜、薑、辣椒、芥菜、大頭菜、南瓜。

少吃》陽虛者身體虛寒,不可多吃寒性蔬果,如柿子、香蕉、番茄、奇異果、柚子、西瓜、香瓜、竹筍、冬瓜等。

雖然大部分蔬菜都偏寒涼,但楊淑媚說明,蔬菜煮過後可降低寒涼性,另外,也可加入薑、蒜、蔥、辣椒等溫熱性蔬菜一起烹調,緩和其寒涼性質,如此,陽虛體質者即可食用。

(採訪整理/吳宜宣)

營養師教你吃對食物戰勝疲勞！

　　「每到下午就昏昏欲睡，腦袋、眼睛好像都醒不來、張不開……」當身體的疲憊已呈現慣性狀態，除了猛喝咖啡、提神飲料來醒腦、提升專注，還能怎麼從飲食做搭配，趕走委靡不振、恢復好體力？

　　美國心理學博士洛爾在《人生，要活對故事》中特別強調，管理精力、能量（energy）比管理時間，更能幫助人們健康平衡地活出自我，畢竟「時間是有限的，而活力可以創造」，尤其現代人特別注重養生，「吃」也就成為健康的第一道關卡。

營養均衡即是養生

　　對於如何攝取營養能讓人精神百倍，西醫看法中立，認為「吃得均衡就是養生」。不過，針對網路流傳「吃太油、太甜、太多澱粉、太多人工添加物等食品易疲累」的說法，臺大醫院營養部營養師翁慧玲澄清，這些說法沒醫

學根據，從營養學角度來看，吃飽後易疲倦，是血糖中的葡萄糖降低所致，因此，攝取葡萄糖含量較高，像澱粉類、或高 GI（升糖指數）的食物，反而可能讓精神變好。

另外，有傳言指出，「調整飲食順序會讓精神變好，像早餐要先吃蛋白質、再吃澱粉類」她直言，「這都沒有根據，營養均衡與否更重要。」

易疲倦
多攝取維生素 B 6 及微量元素

想提振精神，翁慧玲營養師建議可攝取一些微量元素，例如：鋅，可從蚵、牡蠣等海鮮中獲得。維生素 B6 也會讓人精神變好，像肝臟、蛋、酵母、米糠等都有豐富含量。不過，有些含維生素 B6 的食物，同時也含「色胺酸」，是大腦掌控睡眠的血清素原料，吸收後反而會讓人想睡覺。若急需提振精神，稍避開這類食物，像黑芝麻、小麥胚芽、腰果等堅果類、或紅豆等全豆類，也能有所助益。

除了維生素 B6，維生素 A、C、E 能抗氧化，也可提神、抗壓，建議直接從天然食物攝取，更易獲得多元營養

素。以維生素Ａ為例，可從乳製品、動物肝臟、腎臟、蛋、魚肝油攝取外，芹菜、南瓜、紅蘿蔔等蔬果皆含有豐富的維生素Ａ。而且，多吃色澤鮮豔或深綠色的蔬菜，人體也能將其中的 β 胡蘿蔔素轉化成維生素Ａ。

　　而維生素Ｃ不僅蘊藏於各式水果，蘆筍、豌豆、毛豆、菠菜等蔬菜，甚至冷凍包裝的魚、肉等，所含的維生素Ｃ「在低溫狀態下」幾乎完好無損。至於想取得維生素Ｅ，食用小麥胚芽最容易，芝麻或綠色蔬菜等也是重要來源。

吃生洋蔥、喝雞精
能提神？

　　有人說「生吃洋蔥能提神」，臺大醫院營養室營養師翁慧玲營養師表示，主要是其辛辣味道能刺激感官，但要注意，生吃洋蔥易脹氣。還有人會「利用薄荷糖提神」，也是利用它的清新味道刺激感官，產生提神效果。

　　此外，也有人加班、熬夜時，喜歡喝一瓶雞精來提升注意力、增加工作效率。對於雞精能否提神，由於業者將雞精成分做為商業機密，因此不得而知。但翁慧玲營養師表示，就算能提神，應該也是短暫的，正常作息、均衡飲

食才是精神充沛之道。

（採訪整理／吳宜宣）

恢復精神的營養尖兵

成分	功能	代表食物
維生素 B 群	維生素 B 群主要是擔任輔酶的角色，與酵素接合使各種代謝作用得以進行。 ■維生素 B1、B2、菸鹼素與能量代謝有關。 ■維生素 B6 與胺基酸的代謝有關。 ■葉酸、生物素、B12 則參與細胞的合成；缺乏 B12 認知能力會降低，缺乏葉酸會導致貧血、憂鬱症。	肝臟、啤酒酵母、魚貝類、牛奶、大豆。
葡萄糖	腦部唯一的能量來源，若缺乏會使神經細胞受損。	糙米、全麥麵包等。

維生素C、維生素E、β 胡蘿蔔素	此類維生素的共通點為，具有抗氧化的作用，也能保護多元不飽和脂肪酸，將自由基轉變為安定、無害的抗氧化物。缺乏時容易產生自由基，促使腦部氧化，加速腦部老化。	■維生素C：番石榴、檸檬、綠色蔬菜。 ■維生素E：小麥胚芽、葵瓜子、芝麻醬、花生醬及松子。 ■β 胡蘿蔔素：胡蘿蔔、甘薯、南瓜、木瓜。
礦物質（鋅、鎂、鈣）	鋅、鎂、鈣均有助於穩定情緒，減輕疲勞。	■鋅：牡蠣、南瓜子、葵瓜子、松子及腰果。 ■鎂：南瓜子、葵瓜子及深綠色蔬菜。 ■鈣：牛奶、小魚、豆製品。
牛磺酸	胺基酸的一種，可增進視力、腦力的發育，長時間用腦會大量消耗牛磺酸，及時補充可對抗疲勞。	章魚、貝類、海苔等。
胺基酸	製造神經傳達素的材料，缺乏時腦部的機能會降低。攝取優良蛋白質，可補充必須胺基酸。	蛋類、魚類、牛奶等。

（採訪整理／大家健康雜誌）

想提神？
不能忽視的咖啡因中毒

　　現代人生活愈來愈忙碌，為了提振精神、維持工作效率，不少人習慣來瓶提神飲料醒醒腦。提神飲料喝了真能讓你立刻「馬力夯」？喝多了會不會有副作用？

　　相信很多熬夜的人，不管是學生趕報告、上班族加班，或是勞工朋友為了增加體力，都喝過提神飲料。但是你知道嗎？市面上販賣的提神飲料，雖然大多含有維生素B、C等成分，或標榜中藥養生的功效，似乎對欲振乏力的身體，是最快、最好的選擇，可是內含的咖啡因成分，一旦飲用過量容易上癮，嚴重的話還可能導致咖啡因中毒。

提神飲料能暫時振作精神
卻無法真正消除疲勞

　　提神飲料能提神，主要是含有咖啡因的成分。咖啡因是一種神經興奮劑，會刺激中樞神經系統，特別是腦細

胞，使情緒激昂，警覺性提高，思考力清晰，所以對於消
除睡意相當有效。

　　不過，一般提神飲料罐上並未註明含有多少咖啡因。
根據消費者文教基金會調查，八成的提神飲料含有咖啡
因，有些品牌甚至超過 200ppm，不過廠商在飲料的外觀
標籤上並沒有按照食品衛生管理法，註明咖啡因含量超過
200ppm（即毫克／公升）。雖然大部分提神飲料的咖啡
因含量未達 200ppm，但也只標示「茶精」，一般消費者
很難聯想其中含有咖啡因，造成有些消費者喝下過多的咖
啡因而不自知。

咖啡因與酒精
成為致命的吸引力

　　臺北醫學大學保健營養學系講師邱琬淳表示，孕婦、
骨骼疏鬆者，或有心血管疾病者，不宜過量攝取咖啡因，
含咖啡因的飲料，每天飲用最好不要超過 300ppm，如果
超過 500 ～ 1000ppm，可能出現輕度咖啡因中毒的症狀，
孕婦飲用超過 150ppm 會容易流產。

　　已經上癮的人如果突然停止使用咖啡因，則可能產生

「咖啡因戒斷症候群」。

戒斷症狀通常出現在停用咖啡因後 18 小時，會開始頭痛及疲倦，其他症狀包括噁心、嘔吐、精神運動性操作變差，及渴望咖啡因，有些人甚至喪失樂趣感，出現易怒及憂鬱的情形。

雖然提神飲料能有效提神，但飲用時還是要小心謹慎，特別是含有酒精成分的藥酒，這些標榜可以「顧身體」的藥酒，一般人以為酒精濃度不高，可以多喝，其實它的酒精濃度是啤酒 2 倍以上，卻被列為藥而非酒，許多民眾因此不知不覺染上酗酒惡習。

還要注意的是，駕駛人呼氣酒精含量若超過 0.25 毫克／公升，肇事率是平常的 2 倍，而根據刑法也將取締告發。也就是說，以一個體重 60 公斤的人來計算，喝了半瓶約與紅酒酒精濃度相同的提神藥酒後，呼氣酒精濃度就會達到 0.25 毫克／公升，所以駕駛朋友們絕對不能掉以輕心。

揪出造成疲勞的元凶

疲勞的現象有很多，最常見的像眼睛幾乎睜不開、眼

淚直流、頻頻點頭打瞌睡、精神無法集中，還有肩頸僵硬酸痛、經常頭痛欲裂等。

由於疲勞是身體發出的警訊，若置之不顧，精神與體力都將每況愈下，嚴重影響身心健康。

若這些症狀經常發生，應立即就醫，讓醫師判斷屬於何種疲勞類型，以尋求正確、有效的消除疲勞法。

台灣華人身心倍思特協會理事長、精神科醫師楊聰財將造成疲勞的原因，歸納成以下幾點：

1 疾病症狀

疲憊的感覺可能是肝臟、腎臟、心臟等疾病的徵兆，不可輕忽小問題。

2 慢性疾病

高血壓、糖尿病等慢性病，會出現長期疲倦的症狀。

3 生理疲勞

易發生在休息不夠、睡眠不足，或體力勞動過度者身上。

4 心理疲勞

壓力造成自律神經不穩定，全身不對勁，嚴重的甚至會拉肚子。

提神產品
當心愈補愈傷身

　　提神飲料的確可讓想睡覺的人短時間內振奮精神，但並非萬靈丹，如果大量飲用，可能帶來反效果，不使用時精神更低落，感到精疲力竭，讓身體愈來愈不好，就調理身體而言，並不是妥當的消除疲勞方式。擔任腸胃專科醫師 20 多年的新北市聯合醫院內科部主任楊仕山也指出，這些宣稱可「消除疲勞、提神醒腦、增加代謝、儲存體力」的保健食品大多含有咖啡因、維他命、胺基酸，確實能在短時間內消除疲勞，然而，身體卻會因此付出更大的代價，導致血壓、血糖升高、心跳加速，最後造成血管堵塞、破裂或心律不整。

　　不斷出現小狀況的身體，實際上正對你呼救，如果一直不理不睬，將如同骨牌效應，一旦某處被推倒，身體就會被拖垮。楊仕山醫師也表示，過勞伴隨壓力形成的腸躁症、胃潰瘍、慢性腹瀉、甲狀腺機能異常及自體免疫疾病等現象，若不直接根據原因加以改變生活形態，只希望藉吃補及提神飲料改善症狀，反而造成身體更大的負擔。

　　消除疲勞的方式很多，若想擁有健康的身體，常保充

沛的活力，基本上在一天結束前，要讓自己真正地放鬆與舒緩，如果放任疲勞的感覺不管，日復一日，身體裡累積許多廢氣，將導致惡性循環。邱琬淳教授建議，規律作息避免熬夜，多攝取維生素 B 群，及具抗氧化功能的維生素 C、E，和含礦物質鈣、鐵、鎂、鋅的食物，都能有效幫助身體恢復精神及體力。

與其為了硬撐而猛灌提神飲料，最後積勞成疾，器官機能逐漸衰退，免疫力降低，成為容易生病的體質，還不如放輕鬆或偷零碎的時間休息，補回耗損的精力，讓自己由內而外神清氣爽！

（採訪整理／王綉婷）

DIY 提神茶飲

臺北醫學大學藥學院藥學系教授王靜瓊認為,長期過度疲勞或精神緊張、營養失調,會導致氣陰兩虛、經絡不通、肝氣疏泄失常,繼而引起脾胃功能異常。她針對疲勞症狀,提供幾種可以幫助調養體質的茶飲。

■補氣生津茶

材料:參鬚 3 錢、麥門冬 4 錢、黃耆 2 錢。

功效:補氣健腦、生津止渴、消除腦部疲勞,適合容易疲倦或常說話的人。

■補中益氣湯

材料:黃耆 3 錢、人參 3 錢、白朮 3 錢、當歸 3 錢、炙甘草 2 錢、陳皮 2 錢、柴胡 2 錢、升麻 1 錢、少許生薑與大棗。

功效:具有補益虛勞的效果,為一廣泛使用的體力增強劑,可改善虛弱體質、神經衰弱。

PART5

不窮忙，提升職場工作戰力

想提升職場競爭力？

想把工作做好，卻老是出錯！

工作出現倦怠感，想找回熱情？

一連串的職場問題，

我們採訪許多職場達人，告訴你如何管理時間，

不再瞎忙和窮忙的祕訣！

為什麼
星期一上班特別累？

每逢週休二日，很多上班族都開心地規劃可以到哪裡玩、去哪裡放鬆心情，

但假期結束後，你能馬上適應朝九晚五的上班生活嗎？面對緊接而來的假期症候群或星期一症候群，又該如何克服？

倦怠、沮喪、懶洋洋、病懨懨，許多上班族都有類似的「星期一上班症候群」，這種病症通常星期一發作，星期三症狀緩解，週四到了週末邁入潛伏期，下星期一再度凶猛發作。

會有這類星期一症候群，是因生理及心理狀態調整不佳，特別是週末時與平日的作息差異，對身體造成衝擊。例如：很多上班族忙碌整整五個工作天後，一放假就不甘寂寞，星期五、星期六晚上都出外狂歡，很容易過度疲憊，星期天如果行程也排滿滿，晚上凌晨 1、2 點才上床休息，沒有充足的睡眠，身體缺乏休息，星期一要應付九點上班後隨之而來的滿檔行程，生理時差調整不來，當然反應遲

鈍、錯誤百出，這類星期一特有的症候群就不難不出現
了。

　　該怎麼打擊這種症候群，新光醫院家醫科主任陳仲達
提供以下 5 大方法：

1. 週末別玩過頭

　　週末活動安排一定要有所控制，熬夜僅限於星期六，
最好不要超過星期日凌晨 1、2 點才入睡，以免白天補眠
太多，又延遲星期日晚上的入睡時間。相對的，星期天要
把生活作息回復規律，迎接隔天上班的準備， 晚餐不要
喝酒，依照平常時間上床睡覺。週日的生活作息是導致星
期一症候群最大原因，建議週日做好收心操。

2. 預先定星期一工作計畫

　　即使工作一成不變，也能給自己挑戰或計畫，建議在
週日晚上睡覺前，簡單規劃星期一上午、下午，各要完成
哪些重點工作，或思考怎麼安排事情，會做得更快、更好，
這樣星期一一進公司，就能立刻上手。

3. 星期一更善待自己

愈是低落的星期一早上，愈要用心打扮一番再出門。穿得美美的，自己心情好，別人也會給你正面回饋，形成良性互動。

4. 早餐不可省略

其實，不只星期一，每天的早餐都要吃得好，以維護一天精力所需，醫師建議，早餐最好吃低脂肪、高蛋白質的飲食，因蛋白質可增加正腎上腺素的分泌，使人精神集中，而低脂肪也不致給身體太大負擔。而中午，不妨吃頓營養點的午餐，幫自己打打氣。

5. 養成運動習慣

平常維持運動習慣也有很顯著的幫助。平時若有良好的體力，即使哪天熬了點夜，也還可以應付白天的工作，不至於立刻病懨懨。

（採訪整理／吳宜宣）

如何擺脫倦怠
重燃工作熱忱？

你累了嗎？愈想把工作做好，卻老是出錯！面對工作想搏得更多掌聲，卻總是心浮氣躁，無法思緒清晰！如何擺脫工作倦怠，找回熱情？

高達六成四的勞工
自認長期處於爆肝超時工作中

工作了一段時間，不知不覺出現極深的工作倦怠感，是許多上班族會遇到的情形，該如何解開心結、調整心態，面對接下來的工作挑戰呢？

1111 人力銀行進行一項網路調查發現，在台灣「上班打卡制，下班責任制」特有的職場文化下，有高達六成四的勞工自認長期處於「爆肝超時工作」中，不但工作負荷重、身心壓力大，其他如勞逸不均、賞罰不公、福利不佳等抱怨也多如牛毛，想轉職的念頭更是揮之不去，嚴重影響產業的競爭力。

「醬菜族」無宣洩管道
走與不走各有苦衷

　　每一種產業都有一群平凡不起眼的「醬菜族」！當眾人把眼光聚焦在八面玲瓏的職場萬人迷身上時，1111人力銀行發言人張旭嵐指出，這些安分守己的職場中堅分子，總是默默的在工作上付出，卻因為配合度高、顧全大局，不擅長出鋒頭、搶功勞、爭權益，始終不是升遷加薪的首要人選，說不定還是減薪裁員的首批犧牲打，令人非常心疼！

　　張旭嵐認為，勞工在高壓、工時長的苦悶環境下替老闆賣命工作，身心疲憊卻苦無適當管道宣洩，若企業長期置之不理，不僅容易耗損員工精神與體力，更會降低工作效率，並增加員工頻頻轉職的流動率。

　　工作資歷豐富的媒體人 Robert 表示，工作倦怠的情況又分兩類，一類是喜歡這份工作，但錢少事多、長久積勞，或苦無表現產生倦怠感；另一類則是早已厭倦這份工作，卻迫於家計不敢貿然轉職，或缺乏他技之長，還在等待其他機會。

考取有利證照、進修語言
為自己創造價值

所謂「山不轉路轉，路不轉人轉，人不轉心轉」，如果無法換環境，就必須及時轉換心境，或找到新的工作目標或樂趣，幫自己找回熱情。

1111 人力銀行進修部執行長廖俊傑表示，工作和生活很容易消磨人的意志，建議立定志向進修或考照，替工作創造新的契機。

考取證照除了表現專業度外，更能顯示企圖心，不論哪類型證照，上班族皆需利用下班或犧牲假日準備，因此，若能考取證照，代表個人願意為工作付出。

廖俊傑指出，考證照最重要的是「質」而非「量」，應有其計畫性，依照步驟執行，特別是金融、電腦資訊等產業特別重視證照。

考證照前應謹慎了解最受用的證照為何，是否符合自己職涯規劃，避免考了一堆證照卻沒有益處。此外，學習外國語文既實用，也為長遠的生涯發展加分，也是不被淘汰的不二法門。

找出工作樂趣
乏味事也能有新體驗

　　原本服務於連鎖飯店大廳櫃檯的 Andy，工作第 4 年時遇到倦怠期，加上幾位好友相繼應聘到國外飯店工作，讓他想轉換跑道。去年初，Andy 決定報考空服員，雖然最後一關口試沒有通過，卻讓他在各方面都有精進，對原本的工作也不再抱怨，隔不了多久，他考取航空公司地勤人員，而且因語文能力夠強而進到訂位組。

　　Andy 認為，可在一年之初擬定新的計畫，而這些規畫最好能結合興趣及能力，像他很喜歡到各地旅遊、吃美食、接觸新鮮多元的事物，在航空公司工作雖然常要輪夜班，上班地點也不方便，但想到可享有員工機票及眷屬機票的優惠，到世界各地去體驗不同的風土人情，並做自己想做的事，就算薪水低一點也很開心。

善用年假徹底休息
心境煥然一新再出發

　　媒體人 Robert 幾乎很難休長假，總會善用年假徹底

休息，做好心理準備再出發。假期間，Robert 除了會和太太去探望彼此的長輩，也會外出走走，或到附近國家放鬆心情，吐盡身體內的濁氣，然後把自己當成一個新鮮人，重新面對工作。

「雖然年後工作內容相同，但用全新的思維面對，盡量嘗試新的想法和做法，舊工作也會有新火花，原本的盲點也會漸漸消失。」Robert 覺得，只要自己多用新眼光看世界，就能振奮工作情緒。此外，整理桌面，把舊資料清空，重新布置辦公環境，也有助心境煥然一新，產生新的活水。

（採訪整理／張慧心）

11 個祕訣
重燃職場戰鬥力！

祕訣 1 清空桌面，重新布置有機的辦公桌，如擺一盆室內植物，或加一盞燈。

祕訣 2 根據 NLP 腦神經接收訊息原理，把待處理的資料或公文放在左上角，能減低對工作的排斥感。

祕訣 3 重新下載一個電腦桌面圖案或螢幕保護程式，或將電腦上夾著的舊 note 全部清掉，重新布置電腦螢幕外框。

祕訣 4 寫一、兩句能激勵自己的句子，例如：「歡喜作，甘願受」、「樂在工作，享受人生」之類的座右銘。

祕訣 5 抓一、兩首喜歡的音樂放在電腦桌面，情緒不佳時可以套上耳機聽個 3 分鐘，調和起伏的心緒。

祕訣 6 家人是每個人最重要的支持力量，每週列一張重要親友名單，在工作空檔中打一、兩通電話給這些平日很容易忘記聯絡的父母、兄弟、好友、同學，通完電話，做個記號，平均一、兩周各聯絡一次。

祕訣 7 排定年度進修計畫，可以依興趣學些和本業無關

的技藝，也可依工作需要進修，例如趁著編保險相關書籍加把勁考保險相關證照。

祕訣8　對於過去常對同事或長官說的：「不行」或「不要」之事，改為「why not ？」大膽去嘗試看看。

祕訣9　排定年度旅遊計畫，順便學語文，例如計畫去義大利旅遊，不妨學 100 句義大利文或美食名稱。

祕訣 10　以每 30 天為一個單位，在今年內至少執行 6 個計畫，例如：30 天每天打坐 20 分鐘、30 天甩手瘦身計畫、30 天看完一本原文的世界名著、30 天勾一條圍巾或做一個抱枕、30 天學會煮咖啡……。

祕訣 11　和辦公室同事或辦公室以外的朋友組織同好會，定期舉辦走步道、假日農夫、吃美食、唱歌、行善等活動。

（採訪整理／張慧心）

懂得管理時間
工作不再瞎忙！

　　「神阿，請多給我一點時間！」每個人面對時間壓力時，總希望時間能暫停，

　　好解決工作的難題，但往往愈趕心愈急……當你趕得喘不過氣時，該怎麼跟焦慮說 bye-bye，有條不紊地克服瓶頸？

　　「唉！今天又要加班了」、「事情多到做不完，好煩阿」、「怎麼辦，時間快來不及了」諸如此類的對話，相信許多人都不陌生，在工作競爭日益激烈、一個人當兩人用的今天，「沒時間」似乎已成為現代人常掛在嘴邊的口頭禪，因工作壓力引發焦慮的案例也屢見不鮮，工研院服務業科技應用中心調查就發現，約有 25％的員工表示，常為了工作而焦慮，超過 72％的人偶爾感到焦慮。

　　與其用力祈求「神阿，請多給我一點時間」，不想老因「時間不夠用」而焦慮纏身，不如從「時間管理」做起、提高工作效率，輕鬆跟焦慮說 bye-bye。多位來自不同領域的高階主管、新聞主播、醫生等，分享如何在忙碌的工

作中，透過有效的時間管理、擺脫焦慮！

新生代主播郭雅慧

有效運用零碎時間
分秒必爭也不著急

　　「各位觀眾午安，歡迎收看三立午間新聞……」在燈火通明的偌大攝影棚內，三立新生代主播郭雅慧正聚精會神地播報午間新聞重點，雙眼注視攝影機的同時，耳朵得隨時聆聽副控室導播傳來的最新訊息，短短 30 分鐘，得全神貫注、手腦眼耳並用，成功掌握每分、每秒，才能達到最完美的播報表現。

　　隨著播報時間結束，下了主播台的她，立刻搖身為到新聞現場衝鋒陷陣的媒體記者，兼具主播與記者的雙重身分，必須更懂得妥善運用時間，才不會忙得喘不過氣來。

　　「在我們這一行，就是要不斷和時間賽跑。」從事新聞工作 6、7 年的她，一語道出媒體業的工作特性。她說，尤其對電視新聞來說，更是「分秒必爭」，在新聞播出的流程表上，一分一秒都得掌握精準，而記者也須趕在新聞播出前，完成所有製作過程，晚 1 分鐘，就可能影響整個

團隊的運作。

　　除了節奏快，工作時間長也是媒體業一大特點。郭雅慧說，以電視台為例，記者每天 8 點半得進辦公室，和主管討論當天新聞重點，隨後展開一連串採訪工作，晚上 7 點半後才陸續下班……說到這裡，她坦言，剛進媒體業時，也曾因緊湊的工作節奏，壓力大到無法負荷，後來學會「善用零碎時間」，時間焦慮才不再追著她跑。

▶ 祕技 1

盥洗與通車時，迅速吸收新聞重點

　　郭雅慧每天早上起床的第一件事，就是一邊盥洗換衣、一邊收看晨間新聞，瞭解當天新聞概況；出門後，先去便利商店買報紙，利用坐公車或搭捷運時，瀏覽報紙新聞頭條，同時，規劃待會要和主管討論的新聞重點。利用盥洗或搭車等零碎時間看新聞，不但有助於進公司前，先掌握新聞重點，對她而言，閱讀也是很好的「醒腦良方」。

▶ 祕技 2

跑新聞空檔約訪，為時間戶頭存預備金

　　「隨時為下一則新聞預做準備」，也是郭雅慧的時間

管理妙方，媒體工作者不可能一整天都待在辦公室，一天
當中需東奔西跑、採訪好幾位受訪者，加上常有突發新聞
發生，所以，如何與受訪者敲時間採訪，也是跑新聞能否
順利的重要關鍵。

　　為此，她常利用記者會跑新聞的零碎空檔，預約下則
新聞受訪者的採訪時間，一方面避免受訪時間全部撞在一
塊，導致分身乏術，亦可讓受訪者做好準備，讓待會的談
話內容更有條理。

　　郭雅慧笑著說，因有效運用零碎時間，她不再像過去
那樣忙得團團轉，工作壓力也減輕許多，甚至還能利用下
班時間學瑜伽，讓生活過得更精彩。

身心醫學科主任黃敏偉

照表操課、工作不拖過夜
身兼數職也無負擔

　　目前擔任嘉義榮民醫院身心醫學科主任的黃敏偉，身
兼身心醫學科主任、大學講師，同時又是成大醫院博士班
學生，為了兼顧工作與課業，須充分運用時間，才能「面
面俱到」。

▶ **祕技 3**

打造行動時間表,增進工作效能

　　為了讓公務處理更有效率,他每天早上會先規劃一張
「時間表」,把當天要處理的事務劃分為「緊急又重要」、
「重要但不緊急」及「例行事項」三大類,讓事情有輕重
緩急之分,如此一來,才能按部就班、不會急就章。例
如:看診及處理病人突發狀況是他「緊急又重要」的首要
之務,而主管會議、巡視病房等例行性工作,也都按時間
表執行。

　　為避免忙碌而遺忘該處理的事,他隨身攜帶 PDA,
記錄每天要處理的大小事務,並利用附屬的鬧鐘功能,提
前提醒接下來的重要活動或演講,讓自己預做準備。

▶ **祕技 4**

不堆積工作,堅持「今日事、今日畢」

　　黃敏偉強調,培養「今日事、今日畢」的習慣很重要,
很多人常覺得事情多到做不完,往往是「拖泥帶水」的性
格使然,明明今天能處理好的事,硬要拖到明天,一日復
一日,使事情堆積如山。所以,無論如何,他都要求自己
一定要當天處理完該做的事、批閱完該看的公文,以免拖

累明天的工作進度。

他笑說，或許因堅持這種處事原則，他不但有餘力兼顧博士班課業與大學講師身分，假日還有時間回家陪父母，透過家庭時光來紓解工作壓力。

企業總監蔡佩瑾

給同仁和自己多一點空間
享受征服時間的快感

不僅透過時間管理來提高工作效率，高誠公關公司總監蔡佩瑾分享，「與同仁的良好溝通」，也能節省不少時間成本。

▶ 祕技 5
上下溝通良好，減少互猜心思時間

身為企業主管，蔡佩瑾最注重的就是與同事間的有效溝通，尤其在公關這一行，每次辦活動都得仰賴團隊合作才能完成，因此，主管須讓同仁清楚瞭解自己該做的事，使大家各司其職，確保每個工作環節都能順利進行、不出錯。

　　她建議，主管應多花心思把交代屬下的事務「說清楚、講明白」，並保留溝通時間，讓同仁進行討論、發表自身觀點。才能避免事後發生問題、白忙一場，浪費更多精神。

▶ **祕技 6**
安排放空時間，享受「浮生半刻閒」

　　蔡佩瑾另提及，上班族應在一天中，安排「放空時間」來釋放工作壓力。像她都是利用上下班的開車時間，幫助自己「放空一切」，伴隨著收音機裡流洩而出的古典樂聲沈澱思緒，享受「浮生半刻閒」，儲備再出發的工作動力。

（採訪整理／張明華）

打擊工作焦慮
職場戰將教你小撇步

　　電影《穿著 PRADA 的惡魔》女主角的工作焦慮，讓許多人有感而發，現實生活中，你也可能面對比電影情節更棘手的難題，導致焦慮纏身，遇到這樣的情況，除了急，也許你能參考以下 5 位身經百戰的職場戰將，看看他們如何駕馭突發事件、解除焦慮警報？

　　上班族在職場或生活中，面對突如其來的挫折、難題，壓力、焦慮襲身的狀況有如家常便飯，如何釋放壓力、解除焦慮，都考驗著當事人。然而，你也能選擇在焦慮發生的一開始，當機立斷解決它，只要掌握一些訣竅，就能從容面對讓你焦慮的事情！

臺灣警專副教授張錦麗
焦慮處境：負責的標案出狀況，需自籌 150 萬

　　臺灣警專副教授、曾任現代婦女基金會執行長的張錦麗，是婦女保護工作的推動者，年過 40 攻讀博士學位，又身兼妻子、媳婦、媽媽等多重角色，每天都有忙不完的

事要處理，幾乎天天與時間賽跑。

張錦麗最常碰到的焦慮，是同時處理好幾件事，譬如：接近下班時，手頭忙著快截稿的稿子，還要準備明早的演講稿，沒想到，孩子突然發燒需送診，「這是最糟糕的情況，事情全都糊在一起。」

她記得最慘的一次是，執掌的基金會向政府標案，案子內容是基金會要在法院設立據點，提供受暴婦女法律諮詢等各項服務。標案前，多數董事都不贊成，但她覺得這是一個理想，要去執行，因此，排除眾議提案。結果，主辦機關告知無法提供原本估算的經費，基金會須自行貼補約 150 萬元。

這下子，政府臨時跳票，該如何善後，要撤案嗎？不撤案的話，就須自籌 150 萬元。當時，她在暨南大學讀博士班，除了警專每天例行的公事，博士班還要交作業與考試，基金會同事又不斷催促她下決定，焦慮之情不可言喻。

解決方式：審視初衷、努力執行就對了

「1 小時以內不要再打電話來，讓我想一想！」迫在眉睫之際，張錦麗告訴同事，讓她靜下心來仔細評估：「這

件事是不是真的要做？是啊，這不是我們的理想嗎？但經費不夠，哪裡可以找錢？」後來，她盤算自己的存款，「最壞的情況是我自己拿錢出來嘛，要做得理想，就置之死地而後生！」

「事情沒那麼糟呀，為什麼狀況會失控？」這段過程中，她不斷釐清自己的目標、為何要做這件事，既然目標正確，只是怕賠錢，還是值得做，她下了決策後，安慰自己離隔天出發的時間，還有 10 小時可處理功課的事，心情不再焦慮，慢慢靜下心來處理手邊事情。

接著她告訴同事：不要有別人對不起我們之類的負面情緒，應先想怎麼把案子做好。後來，主管機關看到現代婦女基金會的認真，用別的案子補貼，基金會只自籌 20 萬元，完成了這項很有意義的事。

臺灣警專副教授張錦麗解除焦慮警報要訣：
1. 遇到期望做到某種目標，又無法達成的焦慮，建議你先「喝杯喜歡的飲料」，靜下心想想，釐清自己的目標、為何要做這件事。
2. 如果有家庭與工作兩頭忙的困擾，建議「分配的時間要切割，回到家就不碰公事」。

臺大醫學院家醫科教授陳慶餘

焦慮處境：接辦新業務，卻被人誣陷染官司

身兼國家衛生研究院老年醫學組主任的臺大醫學院家庭醫學科教授陳慶餘，回想十幾年前調任省立臺北醫院院長時，健保剛實施，醫院面對這項新的制度，須因應的事情很多，為了加強院方推動社區醫學與家庭醫學，挑戰很大，焦慮襲身是常有的事。

最難忘的經驗是，當時他推動外籍勞工體檢制度，卻被人寫黑函，檢舉與廠商合作有圖利之嫌，「我在公家單位做事一向很小心，但一個新制度推動，難免有人不平或眼紅。」他說。

那時狀況並不明朗，尤其剛從教育體系轉到行政體系，過去重心放在教學與研究，對於行政事務沒太多經驗，向有經驗的前輩詢問後，理解這樣的指控會讓名譽受損，且多數人認為他會被起訴，讓他更焦慮不安。

解決方式：從內在肯定自己，坦然以對

如何從焦慮情緒中解放，陳慶餘教授認為「內在的力量」很重要。在他內心深處，始終有個聲音傳來：「我沒有親手蓋章核准這項文件，也沒有拿到好處，只是針對自

己的專長，希望把關好外勞的體檢工作，提升醫院醫療品質，不是為己！」因此，他能以「自信、樂觀與真誠的心，坦然面對，也自認吉人自有天相，不會有壞的結果。」

　　此外，宗教也給了他很大的支持，讓他有毅力面對挫折，深信這是一種奉獻，藉此不斷增強信心。雖然祕書一度因偽造文書被起訴，但最後判決無罪，整件事也完整落幕。

臺大醫學院家醫科教授陳慶餘解除焦慮警訣要訣：

1. 焦慮當下要「專注」，瞭解壓力源、緊急問題是什麼，評估是否可放下手邊事去解決，另外，運動和好好睡一覺能讓人頭腦更清楚，更能專注於一件事。
2. 評估這事成功或失敗後該如何面對，有智慧地考慮事情的嚴重性，勿蠻幹，常想：「No pain, no gain（不勞則無獲）」，像他就是靠宗教的力量，靜下心來想解決之道。

報社採訪組長楊金嚴

焦慮處境：截稿前電腦壞了，版面恐開天窗

　　楊金嚴當了 20 多年媒體記者，目前是報社採訪部門的組長，白天採訪新聞之餘，還要掌握各單位的新聞動

態，晚上進辦公室才是最忙碌的時刻，突發事件一來，滿頭包的情況屢見不鮮。

像之前立委選舉前一週的政見發表，請資深同事處理併稿問題，準備發地區版面的頭題。截稿前 10 幾分鐘，稿子卻未進電腦發稿系統，聯絡在外發稿的同事，卻手機不通，直接轉入語音信箱，上 MSN 也聯繫不到，他急了，「版面要開天窗啦！」

解決方式：立即想備案，尋求援軍協助

心情忐忑不安的楊金嚴，為了緩和焦慮情緒，自己先到洗手間冷靜一下，再去茶水間喝口水，隨後告訴臉色慘綠的版面編輯，如果稿子還不進來，改發其他稿子當頭題。「這是經驗法則，要立即找備案。」他說。

幾分鐘後，記者的電腦上線，但發稿系統仍無法運作，只好透過 e-mail 傳進來，由於文章字數太長，要進行刪稿動作，還要顧及不同黨籍候選人的政見。這些事情都得在幾分鐘內做完，時間的急迫性可想而知。

當下，他坐在電腦前，先喝口水、深呼吸，才開始刪稿，略過不同黨派比重的問題，預備之後看版面回樣時再平衡。「從事新聞工作的時間壓力很大，但碰到這類問題，

不能罵記者，一定是電腦或網路故障，他不會故意搞成這樣的。」

　　這時，如果旁人能提供協助，不妨請他們幫忙，加速工作效能。譬如：把稿子印出紙本，請同事幫忙刪稿，回樣時，再看哪些地方不周全。「匆忙之際，要立即想到應變方式，然後調整自己的心境。」也因處理得宜，最後報紙總算順利出刊。

報社採訪組長楊金嚴解除焦慮警報要訣：

1. 遇到突發事件的焦慮，喝杯水、深呼吸，直接迎戰壓力源、不要迴避。
2. 如果旁人可以拉一把，就向他們求助。
3. 記者採訪工作常會面臨漏新聞的壓力，不妨想想：別人和我一樣怕漏新聞，漏了沒關係，明天再找獨家彌補。

趨勢科技研發部資深經理 Alan

焦慮處境：管轄的電腦中毒，導致全公司停擺

　　趨勢科技研發部資深經理 Alan，目前主管垃圾郵件的防制，過去進行郵件系統運作維護時，最常面臨心急如焚的狀況是，郵件系統因垃圾郵件或病毒侵入，無法收發

e-mail，導致每個人的工作停擺，尤其當每個同事都問他「何時可以收郵件？」時，焦慮情緒更嚴重。

Alan 說，當時會因不瞭解情況，或同事催促而緊張，感到手忙腳亂，但既然瞭解問題核心，便不再像熱鍋上的螞蟻「乾著急」，就去面對解決它吧！

解決方式：抽離緊張環境，讓自己喘口氣

遇到問題不能解決而焦慮時，他通常會去喝口水、上廁所；如果需要解決的時間夠長，他會上上下下爬樓梯，甚至走出公司大門，到行道樹下透口氣，暫時抽離工作環境，「以免被『緊張』占據，然後，再想怎麼應對。如果已在處理，只是時間長短問題，就不要讓其他人影響自己的心情。」

趨勢科技研發部資深經理 Alan 解除焦慮警報要訣：
1. 當焦慮問題產生時，先抽離當下的環境，到另一個環境喘口氣，如：洗手間，或逼自己出去走走、透氣，像安全島上的行道樹間，就是他最常去透氣的地方。
2. 把電腦重開機，提振自己的心情。
3. 再尋求解決之道，若本身能力無法應對，可向外求援。

身體工房執行長郭懷慈

焦慮處境：5 分鐘後要開會，企畫案趕不出來

　　風潮唱片「身體工房」執行長郭懷慈的焦慮經驗是，企畫案已到延交的節骨眼，5 分鐘後又要開會，這時該如何面對，帶著「完了」的沮喪心情進會議室嗎？

解決方式：定下心，理出事情的輕重緩急

　　通常，她會自問：「真的嗎？我真的完了嗎？我真的一無是處嗎？」反覆問這 3 個問題，讓自己回神。

　　接下來，定下心好好利用這 5 分鐘，專注在一件事情上，不要讓焦慮影響自己的思緒。如果是要報告企畫案內容，先想好在會議上要提出怎樣的點子應急；如果企畫案跟會議無關，先想會議點子再說。

　　或許在會議中提出的構想不甚完整，這時，你可以報告：「這只是我暫時的點子，詳細作法還在構思。也許大家可以趁現在，針對我的想法提出討論，是否可行？有沒有要注意的地方？」先解決開會事情，等會再想另一件事。

　　郭懷慈提醒，既然不能同時完成兩件事，倒不如先專心把一件事先做好，再去思考下一步該如何，這樣比較能

解決問題。

身體工房執行長郭懷慈解除焦慮警報要訣：

1. 在辦公室準備一張「喜愛的放鬆音樂 CD」，樂曲的音高與音域起伏不要太寬；焦慮時，帶上耳機、閉上眼睛聆聽、放鬆，思考也較不易有雜念。
2. 將手放在丹田處，做腹部深呼吸 3 次，做完手放在腹部自然吐納。接著兩手舉高至頭頂，進行氣功或瑜伽的「起式」，當身體有足夠氧氣時，可放鬆緊張心情，讓思考更清晰。

（採訪整理／施沛琳）

PART6

職場 EQ 好，才能樂在工作

如果在職場上，

遇到像電影「穿著 PRADA 的惡魔」的老闆或主管，

如何不受氣？

面對複雜的職場人際關係，

總是不知如何與同事相處？

或者遇到耍心機的同事，被害得無處可防嗎？

面對這些職場狀況題，擁有高 EQ 很重要。

想要樂在工作？

職場達人告訴你如何正確看待工作與生活，

找到屬於你工作的價值與幸福！

遇上穿著 PRADA 的惡魔 如何不受氣？

有些上班族可能覺得自己像電影《穿著 PRADA 的惡魔》中的安德莉亞一樣，隨時要應對上司的各種要求，完成不可能的任務，可是，你也可以學習她在面對挑戰時，全部接收，且一一戰勝！

經營一個會員人數達 15 萬人的國際級心理學網站，目前在東京開業的日本精神科醫師大和麻耶，來台為新書《圖解·上班族存活法則》舉辦發表會時表示，人類絕大多數的煩惱來自於人際關係。尤其是「跟上司不對盤」、「下屬完全不聽指揮」、「跟同事沒辦法溝通」等辦公室人際衝突，更直接影響工作情緒及效率。

大和麻耶認為，不論那一國人，對工作的期待都大同小異，換言之，就算年收入再多，職位再怎麼高，或工作多有意義，如果和上司、下屬處不來，就會愈感心力交瘁。相反的，打工、兼差，或薪水低、職級低的工作，只要跟共事的人有說有笑，溝通無障礙，這個工作職場就不會讓人意志消沉。

　　就是廣告總經理黃文博指出，現代人的工作形態，幾乎享受不到「三八制」的生活──8 小時工作、8 小時休閒、8 小時睡眠，甚至工作高達十幾小時。「人一累，工作壓力就會變大，此時，如果上司再來段訓話或過分的要求，控制力差的，大概已經瀕臨翻桌邊緣了。」

向上管理
取得雙贏

　　黃文博認為，沒有人天生該當受氣包，也沒有人能保證在職場上不受氣。但從另一方面來看，上司、下屬未必是天敵，只是各自扮演的角色不同，對人對事也有不同的看法和解讀。加上許多工作都有截止時限，主管在承擔責任之餘，難免會嚴加要求，因而在辦公室形成微妙的壓迫氣氛，彼此的人際關係也會變得不自然。

　　「不只有下屬會受氣，主管也時常要受氣！」黃文博說，做下屬的，沒有拒絕工作的權利，主管合理的要求是訓練，不合理的要求是磨練，怎麼說都有道理，做下屬的就算做到過勞死，心中有說不出的鬱卒和疲憊，還是得感謝主管的垂愛，含著眼淚加班趕完主管交代的任務。

相對的，做主管看似威風，充其量不過是個承上啟下的夾心餅乾，一方面得隨時向上司報告進度及成果，一方面又得帶領下屬努力達到高層的要求。如果下屬沒辦法達到水準，除了急得跳腳罵人，少不了也要跳下去做，臉上還得擺出運籌帷幄的從容表情，其實心裡的火山岩漿早已四溢。

如果你目前正跟上司處於緊繃狀態，不如看看過來人如何與上司巧妙過招，得到雙贏的局面。

麻吉哲學 1
虛心受教，贏取主管信任

「主管若要求員工應有良好的工作態度、禮貌的應對進退，並不算過分！」公關公司主管 Sophia 坦言，她最不能忍受電話禮貌不足，說話又衝又土的員工。因此，每當她聽到員工說：「你剛剛說什麼？」、「你需要什麼？」時，就會要求員工更正為：「是不是方便請您再說一次？」、「請問貴公司需要那些協助？」前後約訓練大半年，聽起來才逐漸順耳。

此外，Sophia 也很受不了當她教導員工時，員工表

情僵硬地回應：「哦！」接著就沉默以對。「主管好意把經驗傳承給下屬，下屬卻只感覺被指責、丟臉，甚至有些下屬會認為是主管難搞，根本無視主管的苦心，真是讓人心寒手軟。」此外，Sophia 對於員工把事情搞砸，卻只用告知的方式說：「沒辦法，做不到。」或是一直怪罪其他人，絲毫不想辦法解決，更會氣到抓狂。

也許有人覺得 Sophia 的要求過於挑剔，她坦言，公關業最重要的資產就是人才，如果不培訓人才，公司基礎不可能穩固，所以，再辛苦也要強烈要求，希望員工從失敗的經驗中，吸取幫助下次成功的經驗。「我自認所要求的內容，都是一個優秀職場人應具備的條件，所以，有緣就彼此學習，沒緣就當成從事社會教育，教多少算多少！」

Sophia 曾經遇過一位員工，本身的資質及條件已經比其他同事稍弱，一開始常找些站不住腳的理由來推卸責任，後來 Sophia 找她面談，請她換個角度想：公司何必支付薪水，給一個對公司完全沒貢獻，又不肯學習及進步的人？從此，這位員工態度逐漸轉變，對各種教導虛心接受，變得比以往更積極和負責任，最後成為 Sophia 的得力助手，一直到結婚生子才離職。

麻吉哲學 2
摸清上司「要什麼」，避開地雷

　　曾任大葉大學事業經營研究所副教授的心情境企管顧問公司負責人張怡筠，曾和許多主管聊到員工的工作態度，結果發現主管最不能容忍的下屬，就是自己的事做不好，對工作又缺乏 sense，還有，下班時間一到，丟了工作就跑的員工。

　　她認為，不僅新進員工要試著去瞭解上司究竟「要什麼」，時時揣摩自己如果是上司，希望員工能替公司做什麼？上司本人也要知道自己的核心價值觀、遇到事情的情緒反應，及慣常的溝通模式，才能在共事時，避開彼此的地雷區。

　　舉例而言，有些上司喜歡「勤奮、效率」型的員工，有些在意「守時、誠實」，一旦員工常遲到早退、言詞閃爍、拖拖拉拉，可能上司會覺得受到挑戰，忍不住抓狂跳腳、動怒開罵。此外，一般人處理情緒都有固定模式，一旦上司能自我理解，便不致流彈四射；同樣的，員工若能掌握其中奧妙，不但能適時避開颱風尾，甚至能化解上司的不高興。

麻吉哲學 3
不特立獨行，讓團隊更有面子

　　目前在上海工作的蔡春美，過去在臺北某報社工作時，被主管嚴格規定「上班不能穿牛仔褲」。她原本覺得這個規定很不合理，甚至不惜冒著考績被打乙等的風險，故意穿著牛仔褲去上班，讓主管看了臉都綠了。

　　後來某次老闆請客慰勞該組記者，主管透過同組的一位大姐告訴她，由於報社老闆很重視員工穿著，所以才會如此規定，從此她不再白目，遇到有老闆出席的場合，還刻意打扮一番，替上司掙點面子。

麻吉哲學 4
先釋放善意，肯定上司

　　從事英語教學工作的黃作炎，過去在某教學機構工作時，遇過一個邏輯概念不佳，又很喜歡自我標榜的主管，經常否定黃作炎的看法及提案，溝通起來十分辛苦。後來他靜下心觀察，才發現這位主管其實很沒有自信，於是改弦更張，向上管理，每次跟主管報告或開會前，就先找件

事來稱讚主管，結果效果出奇的好，「先肯定上司，他也
會肯定你」成為黃作炎後來不敗的工作守則。

麻吉哲學 5
敞開心房，發掘主管優點

在企管雜誌工作的張碧薇，過去在報社工作時，曾遇
過一位對下屬要求很嚴苛的主管，每天都像查學生聯絡簿
般，檢視、要求下屬的工作進度，罵人時也不留情面，令
個性溫和的張碧薇十分痛苦，萌生離職的念頭。

後來有一次，張碧薇被分派和該主管一組，共同籌辦
活動，不但見識到主管的仔細和效率，還發現主管其實對
自身要求更嚴苛，從此打開心結，不再對主管的要求產生
情緒。有趣的是，當張碧薇敞開心房接納主管後，主管也
變得較信任她，對她的要求也愈來愈合理。

（採訪整理／張慧心）

有話，請勇敢跟主管說！

　　之前有位銀行女職員向台灣華人身心倍思特協會理事長、精神科醫師楊聰財求助，醫生聽她的描述，原本建議她換工作或辭職，但女職員表示非常需要這份工作，因此，楊聰財建議她找主管好好談一次。

　　一談之下才發現，主管覺得這位女職員的能力很強，想器重她，才會給予重任，沒想到反而讓事事求完美的她，感覺如此沉重。經過一番懇談，重新調整工作內容後，這位女職員又快快樂樂去上班了。

　　楊聰財醫師認為，要解決辦公室壓力，應分成兩個層面來看，一是主觀認知上，培養良好的情緒管理，以開闊的心態去面對，不要老覺得上司找自己的碴兒；再者，遇到不合理的狀況，要就事論事，當面說清楚，而且肯定別人的用心和好意，不要當面不說，背後說閒話，讓原本單純的問題變得複雜。

（採訪整理／張慧心）

何時該找醫生求助？

　　台灣華人身心倍思特協會理事長、精神科醫師楊聰財表示，員工感覺主管刁難，通常有兩種情況，一是能力不足，卻接到超過能力的任務，因此想到就痛苦，並衍生出「上司故意找麻煩」的想法；一是被長官批評，或受到同事譏諷，情緒不穩定時，也容易覺得有人故意矮化或排擠自己。

　　一般說來，只要在工作中找到成就感，適時紓壓，就能解決壓力警報。但當情緒及壓力已影響生活，甚至壓力大到睡不著，產生負面思考，或一觸即發隨時會崩潰或亂發脾氣，行為上表現出坐立難安、急躁、發呆等症狀，就應找精神科或身心科醫生求助。

（採訪整理／張慧心）

遇上耍心機的同事
只能狂打小人頭？

　　你正陷入職場複雜的人際關係中，遭同事暗箭所傷，有「做事容易，做人難」的滿腹苦水嗎？不怕！讓過來人傳授你要領，讓心機同事不敢再侵犯你。

職場如戰場
要學習化危機為轉機的技巧

　　辦公室裡看似和諧積極的氣氛，其實隱藏著鬥爭與殺氣，有主管會把壓力化成怒氣，發洩在小職員身上，也有同事想踩著你向上爬。日復一日累積的壓力，職場裡的人際關係，在在考驗著我們的智慧與耐力。

　　想把壓力轉化成助力，成為長官眼中的得力助手、同事心中值得信賴的伙伴，學習經營人際關係的技巧，看透辦公室攻守的文化，是不可不學的一大學問。曾遭同事為難的當事人，分享當時的壓力和後來的處理方式，希望有助於你找到最佳的解決方法。

同事鬥心機 1

檯面上和諧
私下明爭暗鬥

　　周六上午，大家還在床上補足一週積欠下來的睡眠債，需蒂早已起床，準備去公司加班。她的職務是業務，假日加班幾乎是例行工作，也因自己是新人，總以為加班完成其他同事所「交待」的工作是應該的。

　　還記得那時她剛進公司時，同事們都熱情開朗，每到午餐時間，總有好幾個同事主動邀請她一起共進午餐。當時她覺得自己很幸運，沒遇到同事間勾心鬥角的問題。但每次吃飯時，聊著聊著就會聊到公事或同事間的事……

　　很快的，她就發現，大家表面上保持和諧與禮節，私底下卻是好幾個小團體相互較勁，而自己就是他們較勁的「工具」之一。

　　如果今天和會計室一起用餐，她就聽到人事室的閒話；如果今天和收發室的人一起用餐，又能知道行政組的八卦。最令她難過的是，回到辦公室，其他同事就會用酸酸的語氣問她：「吃得愉快嗎？」當然，這都是進公司一段時間後才發現的。

同事塞工作
加班加不完

　　同事私底下的角力，主管並不是不知道，但她覺得主管巧妙地利用大家的心機，以「恐怖平衡」的方法，管理、制衡各部門。所有同事都想盡辦法在主管面前表現、搶功，也因此「生產」很多瑣碎的事情，全都落在需蒂頭上。

　　起初，這些「資深」同事會交待需蒂處理這個事情、那個事情，還會「假仙」地說：「我大部分都弄好了，妳只要做最後處理就好了！」但其實都要從頭做起，所以她總是忙到周休二日也不得休息。

　　為了這些辦公室的明爭暗鬥，夾在中間的需蒂承受著極大的壓力，每天醒來想到要進公司，就覺得壓力十分大，想掉眼淚。

　　在一次家族聚會中，大家發現她瘦了許多，還有很深的黑眼圈，詳問之下才知道她承受著這麼大的壓力。大家開始談論自己的經驗，紛紛將以前遇過的難題，或一些在人事上的相處技巧分享給她，需蒂在這次談天中學到很多，也釋放很多工作壓力。

面對這樣的壓力
他怎麼解決？

後來，霈蒂發現很多事情，都是「資深」同事想贏得主管「摸頭」的把戲，做得再多、再仔細，也輪不到主管摸她的頭。

所以，有幾次她就技巧性地「遺忘」，讓事情沒完成，果真主管對其他同事大發雷霆，「資深」同事也只能硬生生地吞下這口氣，畢竟那是她們應該完成的工作，而不是霈蒂。

事後，霈蒂再去跟主管道歉，表明是自己的疏失。還好主管明理，並沒有責怪她，告訴她不需分擔其他同事的工作。接著，她再去和其他的同事抱歉，說這件事都是因為她的疏忽引起，害大家被罵。這些善於表面功夫的同事們，自知理虧，當然不會撕破臉，還一直安慰霈蒂不要放在心上。

從此，其他的同事不知道是主管有交待，還是擔心再出差錯，再也沒有「麻煩」霈蒂。也因霈蒂能專心地做自己的事，很多案子都令主管刮目相看，升遷速度也愈來愈快，薪水愈調愈高。

同事鬥心機 2

最親密的人
背後猛扯你後腿

　　在電視台擔任製作人的壯瑞，因製作組裡正好有一個職缺，便找來以前的好友兼搭檔——小戴，希望共創節目收視高峰。雖然身為好友的主管，但壯瑞從不擺主管架子，仍維持以往的態度，和小戴保持「換帖」的感情。

　　在一次主管會議上，壯瑞被節目部的長官「盯」的很慘，長官直言壯瑞在收視穩定的情況下恃寵而驕，放任組員隨便做，使節目常出現錯字，或帶子遲交。壯瑞覺得，小錯不應該，但長官向來只看節目大方向，從來不在小事情上挑毛病，有點納悶，為什麼這次會這樣找麻煩。

　　同時，壯瑞也發現，原本同組的工作夥伴，大家都有很深的「革命情感」，但最近每個人都互相抱怨，讓他光是處理同事間的情緒就焦頭爛額。一次在處理組員間的抱怨時，壯瑞詢問他消息來源，組員說是新來的同事小戴「偷偷」告訴他的，原來小戴在組裡作「分化」的工作。難怪長官常把小戴叫到辦公室裡談話，還好幾次當壯瑞的面大力稱讚小戴。

面對這樣的壓力
他怎麼解決？

　　身為中階主管的壯瑞，後來利用一些溝通技巧，先將整個組裡的工作做重新的分配，讓小戴負責可獨立完成的工作，使他更有成就感與責任感，再找機會與他溝通，讓他知道工作上有優越的表現，才能贏得更好的職位，只是搞些小動作是起不了任何作用的。

　　在一次的主管會議結束後，壯瑞找主管懇談，感謝主管不時地提醒他在節目中的疏失，並讓主管知道，這些事情以後不會再發生。如此，一次職場風暴就在壯瑞的妥當處理下，回歸平靜。

（採訪整理／陳珮潔）

搶救職場人際危機，有辦法！

　　台灣華人身心倍思特協會理事長、精神科醫師楊聰財表示，適當的壓力可使人有積極向上的心，但過多的壓力就會讓人想逃避，甚至引起生理或行為上不正常的反應。在職場上遇到壓力，很多人會選擇隱忍，其實，該用健康的態度來正視壓力，可從兩方面著手。

1. 以開闊的心胸面對壓力，愈是選擇不面對，壓力愈是沈重，如果坦然面對就會發現其實壓力沒有想像中那麼大，以壯瑞為例，把長官的要求，當作找麻煩或挑毛病，那麼壓力會很大，但如果將長官的要求當作對自己疏忽的提醒，心理上就不會那麼痛苦了。

2. 去處理壓力源，誠懇地與長官或同事當面說清楚，瞭解對方的想法，也讓對方瞭解自己的想法。楊聰財強調，在溝通時要注意說話的態度與用詞，應先肯定別人，談到重點時論事不論人，才不會讓溝通失去焦點，成為一場批鬥大會。

　　最後，他提醒大家，許多人都漠視壓力對自己所造成的傷害，當自己或身邊的親人、同事，情緒容易焦慮、不穩定，甚至睡眠品質下降，在思考事情總是負面思考，在行為舉止方面常有坐立不安的情況發生時，就可能是壓力已影響到生理與心理的健康狀態，應尋找專業的醫師協助，才能早日回復正常的生活品質。

（採訪整理／陳珮潔）

不要把工作當作人生的唯一

　　人生除了工作外，難道就沒有其他的樂趣嗎？看看企業家第二代、投資顧問、工作家庭兩頭燒的職業婦女，是如何把繁瑣、高壓的生活，翻炒出簡單又富哲理的新滋味！

　　「過勞」的工作型態有兩大特點：一是「工時過長」，二是「壓力過大」，前者是指 1 周的工作時間超過 60 個小時（平均一天 12 小時，不含周休），或是工作時間不規律，長年處於休息不夠或睡眠不足的窘境，因而引發身體上的慢性疲勞；後者主要是工作壓力過大，長期的心理壓力，造成人體自主神經系統異常，最後導致心血管方面的疾病。

　　簡單來說，過勞者長期處於高強度、高負荷的勞心、勞力狀況，身體逐漸因慢性疲勞，引發各種疾病。身為他人下屬，也許不能自由掌控工作時間，但培養幾項簡單、容易的興趣或嗜好，或許能幫助自己適度地紓解壓力，有效對抗過勞。

以下三位不同領域的工作者，各有著簡單又富哲理的興趣與人生觀，透過他們的經驗分享，讓我們也來尋找屬於自己工作之外的人生新滋味！

企業家第二代／戴秀菁

面對壓力，試著重新定義問題

戴秀菁是康那香企業股份有限公司的生物科技事業部處長，也是企業家第二代，龐大工作量及承接傳統與創新的使命，是她主要的壓力來源，除了工作壓力外，她還得對企業員工負責。

2005 年 5 月，戴秀菁開始籌備家族企業中新的事業領域——生技產品及 Hi-pure online shopping mall（線上購物中心），新事業剛開始的一年半，堪稱是她生命中壓力最大、也最勞累的時期，每天都有做不完的事，從產品研發到後續銷售系統建立，不停地追趕進度，還要面對「人」的管理問題及各項協調：對內，照顧整個部門員工的士氣、情緒；對外，跟廠商、客戶等拉距、協商，工作之餘幾乎沒有個人的時間，她調侃自己說：「生活就是無盡的會議……」。

用理性分析過勞
接受不完美

　　完美主義的個性，常讓戴秀菁在忙碌生活中喘不過氣。她的解決方案是，「面對壓力時，不能太情緒化，試著用理性面對壓力。」壓力有好壞之分，好的壓力使我們進步，在工作上做得更好；壞的壓力會讓我們身體變差、心情焦慮。

　　她建議，感到過勞時，試著重新定義問題，瞭解壓力來源，不要讓壓力打散自己的生活步調，因為在繁忙的現代社會，它只是生活的一部分；分析後，學習接受自己的不完美，並寬恕自己，有些時候，過程才是重點。

聚會、旅行
轉換空間和心情

　　戴秀菁認為，面對問題，試著不要受情緒擺布。當她在情緒上過不去時，會努力「擠壓時間」紓壓，第一，找家人或朋友聚會。家人和朋友是她重要的心靈支柱，彼此聊天、溝通之後，很多壓力引發的情緒都可以被消化。

　　第二種方式是旅行，對戴秀菁來說，旅行可以用更廣義的方式詮釋，它是「空間的轉移」，在這個空間中，沒有時間表、沒有工作。時間允許的話，她會安排一次國外旅遊；若沒有時間，則回故鄉台南好好地走一天，光顧小時候常去的小吃店，也別有一番風味；要是真的連一天的時間都撥不出來，偷空2小時逛超市，也是一種空間轉移。

　　基於「空間轉移」就是「心情轉移」這個理念，戴秀菁堅持不把工作帶回家，她強調，要養成今日事、今日畢的習慣，工作做不完，寧願在公司加班，也不能讓工作入侵到家裡面，家應該是很純淨的場所，回到家，就是完全休息的空間。

投資顧問／林淑媛
透過學習，轉移和暫拋壓力

　　在億達證券投資顧問股份有限公司擔任業務襄理的林淑媛，是朋友眼中獨立自主的現代女性。幾年前，她決定離開資訊產業，投入自己有興趣的金融投資領域，這也是壓力最大的時期，要適應新工作、新環境，應付許多證照考試，在生活中還面臨親友給的負面打壓。

換產業後面對一切歸零的困境
竟莫名焦慮、恐慌與嚴重頭痛

她的內心開始產生焦慮、沮喪、疲憊、灰心等負面情緒，伴隨對未來狀況的無知和無法掌控的恐懼，嚴重時，甚至對自己的決定及人生產生懷疑，不久後，身體也出了狀況，嚴重的頭痛問題，讓她整整在家休養 1 個月。

現在林淑媛在投資理財圈已站穩腳步，卻仍須面對工作上的各種壓力。首先，不管這個月的業績如何，到下個月 1 號，全部都將歸零，有時工作就是提不起勁，明明該去找客戶，但工作情緒上不來，這時壓力就開始了。

此外，別人把大筆金錢託付給她，也是不小的壓力來源，還要面對與公司其他部門的合作，常有很多事不能操之在我的無力感。

學習星盤
瞭解自我

「學習」，是林淑媛紓解壓力、對抗過勞的最佳祕方，讓她在最短的時間內，將壓力「轉移」和「暫拋」，

投入自己喜歡的事物中。

「我畢業於中文系，從出社會開始，不論從事哪種工作，都必須從頭學習，也因此我不懼怕學習。」林淑媛以目前正學習的兩項事物：「星盤」與「瑜伽」為例表示，學習星盤不是迷信，而是基於「自我認識」的內心需求，更瞭解自己也有利於往後的工作。

林淑媛認為，星盤是一種統計學，透過對自身星盤的掌握、天體運行的瞭解，達到自我認識的目標。一方面，她找到自己的興趣；另一方面，與週遭朋友討論星盤，對他們有更深入的認識，也意外拓展她的人脈圈。工作不順利時，她也會從星盤找出自身擁有的力量，突破困境。

學習瑜伽
解放身心

瑜伽是她的另一項學習重點。練瑜伽時，腦袋必須停止思考各種惱人的問題，讓身體專心忙碌，完成各項高難度的動作，這時，可以讓腦袋放空，又能讓身體運動，達到紓壓與健康的雙贏局面。

林淑媛建議大家，一定要找出自己的 Life style，好

好認識自己，努力做各種嘗試，提高自身適應力，從中學習與壓力相處。事實上，很多壓力和問題，都需經過忍耐或練習處理，透過「轉移」與「暫拋」，回頭再看，一切就能豁然開朗。

三明治女人／翁靜伶
當事情做不完，依重要性做取捨

今年 50 餘歲的翁靜伶，在先生創辦的公司做會計，是典型家庭與工作兩頭燒的職業婦女。翁靜伶說，孩子國中時，是她最過勞的時期，白天要上班、回家要做家事，孩子在這階段也最需要家人注意，此外，她還要照顧年長的公婆。

面對現實生活，常感到心力交瘁的翁靜伶，覺得自己的主體性好像漸漸消失，完全沒有自我的時間和空間，生活都為他人奔忙，加上這世代的婦女較為傳統，對自己的情況往往就是認命，所以邊做家事、邊掉眼淚是常有的場景。

雖然沒有時間和餘力發展興趣和嗜好，不過，翁靜伶保持著甘願做、歡喜受的態度，既然是一定要完成的事，

與其厭惡的心態，不如開心去面對。翁靜伶剛好是個喜歡
做家事的人，所以常藉著邊聽音樂、邊做家事，轉移壓力。
她認為，家庭一定要保持整潔，不然，回到家這個避風港，
一定會更感到心浮氣躁，不可能得到充分休息。

釐清生活的價值次序

　　她認為壓力有兩種，一種是自己給的，面對這種壓
力，要提醒自己放低標準，千萬不要為難自己，找自己麻
煩；另外一種壓力是別人給的，這時候盡量學習調適、認
命，但求無愧於心，「畢竟歡喜也是做，不歡喜也是做，
不如開開心心把事情做完。」

　　面對排山倒海的事情，翁靜伶也練就一套處理準則。
其實，當事情接踵而來時必定會感到心慌，此時可依照事
情的輕重緩急來當標準去解決，「當事情做不完時，一定
要排出價值次序，依照每項事情的重要性取捨。」

　　在翁靜伶的價值觀裡，當工作與家庭要取捨，她會先
放棄工作。翁靜伶建議，每個人都應該把生活的價值次序
釐清，面臨非得取捨時，才不會措手不及，或做出會後悔
的決定。

照顧孩子
重「質」不重量

確立大架構後，小細節也不要過分固執，例如：當工作很累又得陪小孩，就應以重質不重量的方式來照顧，翁靜伶笑著說：很多全職的家庭主婦也不一定能帶好小孩，可見「時間不是最重要的因素。」

對她而言，孩子的課業只要到達平均水準就可以，不需放太多心力在孩子功課上，她最在意的是孩子的交友狀況及品格部分，會花多點時間瞭解這兩大面向。

參與有興趣的事
找到成就與快樂

現在翁靜伶兩個孩子都已長大成人，先生又常到大陸出差，困擾她的不再是過勞，反而是家中常常沒人的空窗感，因此，她決定開展自己的人生視野，找回之前為家庭奉獻而失去的自我。年輕時，翁靜伶就很喜歡畫畫，現在她把握時間，到社區大學學習畫畫，家中許多油畫、版畫作品都出自她手，她也選修一些心理學課程，目標是「學

些不實用的東西」。

　　對她來說，去學這些不實用，但有興趣的事情，都是釋放她過去 10 幾年來的壓力，補齊對自己生命的交代。透過這些學習，也達到自我認識、開展興趣的目的，讓自己置身在藝術作品的創作中，找到成就與快樂。

抗壓
來自自信心的培養

　　當然，翁靜伶也學習電腦課程，因為這是時代的工具，「跟的上時代的人，才會有自信！」她得意地說。除了社區大學的學習課程，她也做社區服務，每周固定安排時間，帶社區的老先生、老太太跳舞，透過學畫畫和社區服務，翁靜伶交了很多朋友，現在的生活圈還比年輕時大很多。

　　翁靜伶建議，一定要培養自信心，才不會被恐懼感牽制，面對壓力、過勞，才能做出正確的判斷和取捨，也要喜歡自己的工作和家庭，對生活和退休都做好心理建設，才不會失去生活的重心。

（採訪整理／洪廷芳）

你可以成為職場MVP！

職場上總會遇到不如意的事，很多人因壓力大而四處抱怨，不僅讓自己的工作效率和情緒變差，連帶也影響其他同事，這時，如果換一種阿Q想法，解決眼前的壓力與難題，你會發現「結果跟你想的完全不一樣！

想成為職場MVP（原指球場中表現最佳、最有價值的運動員）嗎？遇到挫折時不妨多練練「變心術」，把心中原有的負面想法去除，代換成健康、積極的正向想法。

CASE 1：老闆常丟工作給我，別的同事卻在偷懶、聊天。

也許你會這麼想

老闆一定是故意整我，害我事情做不完，每天都要加班，擺明就是刁難！

你也可以這麼想

■卡內基訓練大中華區負責人黑幼龍：老闆肯定我，才會希望我多負點責任，有機會表現，年底加薪升遷大有希望囉！

■**睿心傳播公司總經理劉睿杰**：主管是穿著 PRADA 的惡魔，我是經得起考驗的湯姆克魯斯，不可能的任務終究會完成的。

■**公益團體催生者柴松林**：凡走過必留下痕跡，不是人人都有此難得的機會，所以我是幸運兒，不是超級大苦旦。

■**化妝品公司行銷經理宋哲如**：公司業績一直掉，同事還在吹冷氣享受，這些米蟲死定了，下批裁員名單肯定見到你們的大名。

■**心情境企管顧問公司負責人張怡筠**：危機就是轉機，下次遇到類似情況，鐵定比別的同事更有經驗，也更能應付複雜的狀況。

CASE 2：主管老是找麻煩，看什麼都不順眼。

也許你會這麼想

我與主管八字不合，他一定是衝著我來的。我怎麼這麼倒楣？

你也可以這麼想

■**日本精神科醫師大和麻耶**：還好不快樂的人，是主管，而不是我；還好沒風度的人，是主管，而不是我。只要

我不想當受害者，我就不是可憐的受害者。

■就是廣告總經理黃文博：學習蟑螂精神並不可恥，只要忍過惡劣環境，還怕將來不會過舒服的日子嗎？再說，蟑螂覓食至少有 10 種以上的方法，何必堂而皇之爬上桌子惹人追打呢？

■實踐家知識管理集團副董事長郭騰尹：雖然不一定是我的錯，但肯定是主管不夠瞭解我的優點，或是不夠信任我，所以，以後多利用機會，自然地在主管面前表現能力，他就不會如此擔心了。

■心情境企管顧問公司負責人張怡筠：不如意事十之八九，成功的人挫折經驗更豐富。抱怨過後，心情會更沮喪，問題依舊無解，所以少掉抱怨，直接解決問題，少一分自憐自艾，多一分時間進步。

CASE 3：主管和屬下搶功。

|也許你會這麼想|

　　實在無恥！我努力半天，結果他來割稻仔尾。沒關係，君子報仇，3 年不晚，等著瞧好了。

|你也可以這麼想|

■實踐家知識管理集團副董事長郭騰尹：不想當廉價勞工

嗎？很多人搶著當還當不成。想想同學有些到現在都還
找不到工作，暫時先讓主管欠我一次好了。再說，主管
教我不少本領，這次，就當成是繳學費吧！

■就是廣告總經理黃文博：學習老水牛泡水消暑時，整個
　身體連頭都沒入水中，只露出鼻孔在水面上的精神，放
　低姿態、不搶表現，等累積足夠實力時，主管想搶也搶
　不走！

■心情境企管顧問公司負責人張怡筠：一時的成敗並不能
　定終生，再厲害的人，當菜鳥時也難免被占便宜。所以
　不妨問自己：「現在有什麼是可珍惜的？」從挫折中找
　優勢，才能將今日的「不幸」，變成日後的「幸虧」。

CASE 4：被主管抓到摸魚而被訓誡。

也許你會這麼想

　　摸魚不道德，但不讓人摸魚更不道德。這種爛公司，
不想待下去了。

你也可以這麼想

■就是廣告總經理黃文博：天底下沒有白吃的午餐。想偶
　爾請主管放自己一馬，唯有靠平日多累積工作表現，交
　辦任務也提前完成，就像存了很多「紅利點數」在戶

頭，三不五時提出來用，上司不生氣，同事也會服氣。

■睿心傳播公司總經理劉睿杰：老實人做老實事，頭腦不靈光，千萬不要隨便摸魚走捷徑。再者，先把工作做完再請假，上司較沒理由刁難。

■水返腳文史工作室高燈立：心情想放鬆，不一定要蹺班，學習無尾熊隨時可入定的功夫，在辦公室也可上網、連skype，或上 msn 和朋友打屁聊天。

CASE 5：未被告知即調整職務。

也許你會這麼想

　　下次要兇一點、恰一點，扮演一隻辦公室鱷魚，隔段時間就狠狠發一次脾氣，這樣，看誰敢再朝我頭上動腦筋。

你也可以這麼想

■心情境企管顧問公司負責人張怡筠：今天我中獎了，天上掉下來的禮物，雖然可能會辛苦一點，但 21 世紀唯一不變的真理就是：「凡事皆會改變」，所以不但要處之泰然，還要快樂擁抱隨時可能撲來的挑戰。

■實踐家知識管理集團副董事長郭騰尹：這是老天助我一臂之力！君不見，很多公司行號，每隔一段時間就會進

行裁員減薪、合併重組，說不定我會因此避開劫難，成為唯一的幸運兒。

CASE 6：努力工作，考績卻不佳。

也許你會這麼想

　　主管對我有偏見，喜歡人家巴結他，不論我再怎麼努力也是白費力氣。

你也可以這麼想

■公益團體催生者柴松林：做事本身就是一件很快樂的事，如果考績好，年終有獎金，就是額外的邊際效用，如果沒有，也已賺到 300 多天快樂的日子。

■實踐家知識管理集團副董事長郭騰尹：「路遙知馬力，日久見人心」，給主管一些時間瞭解自己，也試著以主管能接受的方式，呈現工作成果，說不定明年起，我就連續 5 年考績特優了！

（採訪整理／張慧心）

找出問題點 紓壓放鬆更有效！

據統計，大部分的職場壓力來自主管，因此同儕的支持占了極重要的關鍵；但新光醫院家醫科主任陳仲達提醒，也要訓練自身抗壓力，學習正向看待挫折，「說來容易、做起來難，但仍要訓練自己面對。」他表示，「紓壓最好的方法是『運動』，要達到一周 3 次、每次 30 分鐘以上、每分鐘心跳 130 下」的 333 目標，運動強度也須達到流汗喘氣的程度，這樣能刺激腦部分泌放鬆與感到愉悅的物質，是紓解壓力最有效的方法。

想有效減緩疲勞跟宣洩壓力，中崙聯合診所心理師黃龍杰建議 3 個步驟：

1. 優先解決問題。找師長、朋友或醫師商量。

2. 若是職場產生的壓力及長期疲勞，可在做事方法上「微調」，或對人生採取「宏觀調控」。倘若一時無法解決，就採取「改變觀感」，練習正面積極的思考。

3. 若做了所有努力，情況仍不如預期，記住要「調適情

緒」。

黃龍杰醫師也進一步提出「信、運、同、轉」四字訣，
「信」是追求信仰與心靈的寄託；「運」是多去運動、保
健身體；「同」是尋找志同道合或同病相憐的朋友；「轉」
是轉移焦點、培養興趣、做自己喜歡的事，暫時放下生命
中的煩惱。

無論如何，「壓力 always 會在」，陳仲達醫師表示，
以不傷害自己的方式去紓解，若搭配喜歡的活動，如看電
影、聽音樂、按摩、SPA 等，效果也會不錯。另外，可找
家人、親戚或朋友傾吐，親友的支持能漸漸改變、緩和對
壓力的感覺。

（採訪整理／秦蕙媛）

調適壓力 6 撇步

A（Action 行動）	採取行動，從根源解決造成壓力的問題。
B（Belief 看法）	壓力問題暫時無法解決時，改變對事情的觀感。
C（Connection 聯繫）	尋求同伴的聯繫、協助和支持，抒發壓力。
D（Diversion 轉移）	轉移注意力，寄情工作以外的休閒。
E（Exercise 運動）	藉由運動改善精神和情緒，提升抗壓力。
F（Faith 信仰）	尋求宗教寄託，提升精神層次，昇華超越。

（採訪整理／秦蕙媛）

編輯後記

紓壓，找到工作幸福感！

文／葉雅馨（大家健康雜誌總編輯）

　　臺灣曾經是被認為「金錢淹腳目」，但現在臺灣人的工作時數卻已是世界第一，今年 10 月間美國新聞臺 CNN 就以「臺灣的過勞文化」做為主題報導，因為台灣人每年工作 2200 小時，遠比日本與美國多出 20％，比德國更多出 35％。的確，工作競爭激烈，壓力與過勞等問題，嚴重威脅著上班族的健康。近年來，有關「壓力管理」、「情緒管理」的議題漸漸被企業所重視，不少公司對員工都有開設相關的紓壓課程，國內外許多研究都已證實，適時調解工作壓力，能提升更好的工作效率。其實，只要有理想、有在乎、有要求，就會有壓力，但過多的壓力卻成了工作上的阻力。

　　《紓壓：找到工作的幸福感》一書，特別關懷上班族，提醒其對自己的身體、心理覺察，設法找到紓解職場壓力的方式，並就實踐方法採訪各領域的專家、醫師、職場達人，編輯整理成這本實用的職場紓壓工具書。全書共分 6

個部分：

PART1　學會傾聽身體的聲音

在工作中累積了過多壓力還不自知的讀者，可以檢測自己的壓力，了解自己的性格。

PART2　放鬆心情，擺脫過勞

過勞通常伴隨著壓力而來，如何避免過勞，先從找出過勞的原因開始。

PART3　把壓力變成進步的助力

本章節是全書的重點所在，教導正確紓壓的方式，檢視自己用的紓壓方式到底對不對，小錯誤的紓壓方式，反而讓人壓力愈減愈大！

PART4　補元氣，吃出好心情

有些食物和飲食方式，的確有助於揮別疲勞，補足工作的元氣，本章節有營養師提供的飲食妙方，讓自己補對元氣。

PART5　不窮忙，提升職場工作戰力

想要讓自己的工作更有熱情，提升工作能力，本章節告訴你如何運用時間管理，不再瞎忙！

PART6　職場 EQ 好，才能樂在工作

本章節模擬許多職場狀況題，教你正確看待工作與生

活，找到屬於自己的工作價值與幸福！

正向的「紓壓」，能將壓力轉換成人生的動力，工作進步的助力。可是有些人卻用錯了紓壓方式，比如：飲酒、隨意消費、大吃大喝等，結果惡性循環，反帶來更大的壓力和傷害。

紓壓前，每個人應先了解自己的「耐壓力」，能夠忍受壓力的程度，時常檢視壓力來源，例如：最近老覺得身體不舒服、肩頸痠痛、經常感冒……？工作不順遂，完成不了應接不暇的工作問題，一早醒來就想請假不去辦公室？是最近工作壓力較大，生活中有什麼變動？是多加了新工作項目？或人事異動？可以思考如何調整，將部分工作延後處理，減少同時面對各項加總而來的壓力。

如果壓力無法避免，就要安排讓自己可放鬆的活動或調整想法，無論運動、看場電影、聽聽音樂、閱讀、找朋友聊天，都可以。總之一定要找到適合自己的紓壓方式。

另建議讀者，有一個簡單又有效的方式，就是運動。之前若沒運動習慣，不妨可從步行開始，因為比起其他球類運動或跑步，輕快的步行相對容易執行、沒有壓力且隨時可行動，讓人有放鬆自在感。

步行時，建議可以記錄時間，算算自己走了多久、走

了多遠，甚至記沿途趣事，記錄可增強走路動機，不論持續三天、一周，還是下雨停了三天，都會有小小的成就感，讓你更想去走路。記得多嘗試幾次，你就會喜歡上走路後流汗、舒暢的感覺。

特別感謝 104 資訊科技集團董事長楊基寬及勞委會職場健康管理評議專家邱永林，為本書列名推薦。臺北市立聯合醫院中興院區一般精神科主治醫師詹佳真及臺北市立萬芳醫院精神科專任主治醫師潘建志，兩位精神科名醫以其專業為本書撰序推薦。

《紓壓：找到工作的幸福感》一書，將幫你搞懂紓壓的祕訣，也讓你適時充充電，在工作中遊刃有餘！

保健生活系列

用對方法，關節不痛
定價／250元　總編輯／葉雅馨

你知道生活中哪些傷害關節的動作要避免？如果關節炎纏身，痠痛就要跟定一輩子？本書教你正確保養關節的祕訣，從觀念、飲食、治療到居家照護的方法，圖文並茂呈現，讓你輕鬆了解關節健康，生活零阻礙！

做個骨氣十足的女人——骨質疏鬆全防治
定價／220元　策劃／葉金川
編著／董氏基金會

作者群包括國內各大醫院的醫師，以其對骨質疏鬆症豐富的臨床經驗與醫學研究，期望透過此書的出版，民眾對骨質疏鬆症具有更深入的認識，並將預防的觀念推廣至社會大眾。

做個骨氣十足的女人——灌鈣健身房
定價／140元　策劃／葉金川
作者／劉復康

依患者體適能狀況及預測骨折傾向量身訂做，根據患者骨質密度及危險因子分成三個類別，訂出運動類型、運動方式、運動強度頻率及每次運動時間，動作步驟有專人示範，易學易懂。

做個骨氣十足的女人——營養師的鈣念廚房
定價／250元　策劃／葉金川
作者／鄭金寶

詳載各道菜餚的烹飪步驟及所需準備的各式食材，並在文中註明此道菜的含鈣量及其他營養價值。讀者可依口味自行安排餐點，讓您吃得健康的同時，又可享受到美味。

氣喘患者的守護——11位專家與你共同抵禦
定價／260元　策劃／葉金川
審閱／江伯倫

氣喘是可以預防與良好控制的疾病，關鍵在於我們對氣喘的認識多寡，以及日常生活細節的注意與實踐。本書從認識氣喘開始，介紹氣喘的病因、藥物治療與病患的照顧方式，為何老是復發？面臨季節轉換、運動、感染疾病時應有的預防觀念，進一步教導讀者自我照顧與居家、工作的防護原則，強化呼吸道機能的體能鍛鍊；最後以問答的方式，重整氣喘的各項相關知識，提供氣喘患者具體可行的保健方式。

當更年期遇上青春期
定價／280元　編者／大家健康雜誌　總編輯／葉雅馨

更年期與青春期，有著相對不同的生理變化，兩個世代處於一個屋簷下，不免迸出火花，妳或許會氣孩子不懂妳的心，可是想化解親子代溝，差異卻一直存在……想成為孩子的大朋友？讓孩子聽媽媽的話？想解決更年期惱人身心問題？自在享受更年期，本書告訴妳答案！

男人的定時炸彈——前列腺
定價／220元　策劃／葉金川
作者／蒲永孝

前列腺是男性獨有的神祕器官，之所以被稱為「男人的定時炸彈」，是因為它平常潛伏在骨盆腔深處。年輕時，一般人感覺不到它的存在；但是年老時，又造成相當比例的男性朋友很大的困擾，甚至因前列腺癌，而奪走其寶貴的生命。本書從病患的角度，具體解釋前列腺發炎、前列腺肥大及前列腺癌的症狀與檢測方式，各項疾病的治療方式、藥物使用及副作用的產生，採圖文並茂的編排，讓讀者能一目了然。

悅讀心靈系列

憂鬱症一定會好

定價／220元　作者／稅所弘
譯者／林顯宗

憂鬱症是未來社會很普遍的心理疾病，但國人對此疾病的認知有限，因此常常錯過或誤解治療的效果。其實只要接受適當治療，憂鬱症可完全治癒。本書作者根據身心合一的理論，提出四大克服憂鬱症的方式。透過本書的介紹、說明，「憂鬱症會不會好」將不再是疑問！

憂鬱症百問

定價／180元　作者／董氏基金會心理健康促進諮詢委員（胡維恆、黃國彥、林顯宗、游文治、林家興、張本聖、林亮吟、吳佑佑、詹佳真）

憂鬱症與愛滋、癌症並列為廿一世紀三大疾病，許多人卻對它懷有恐懼、甚至感覺陌生，心中有很多疑問，不知道怎麼找答案。《憂鬱症百問》中蒐集了一百題憂鬱症的相關問題，由董氏基金會心理健康促進諮詢委員審核回答。書中提供的豐富資訊，將幫助每個對憂鬱情緒或憂鬱症有困擾的人，徹底解開心結，坦然看待憂鬱症！

放輕鬆

定價／230元　策劃／詹佳真
協同策劃／林家興

忙碌緊張的生活型態下，現代人往往都忘了放輕鬆的真正感覺，也不知道在重重壓力下，怎麼讓自己達到放鬆的境界。《放輕鬆》有聲書提供文字及有音樂背景引導之CD，介紹腹式呼吸、漸進式放鬆及想像式放鬆等放鬆方法，每個人每天只要花一點點時間練習，就可以坦然處理壓力反應、體會真正的放鬆！

不再憂鬱—從改變想法開始

定價／250元　作者／大野裕
譯者／林顯宗

被憂鬱纏繞時，是否只看見無色彩的世界？做不了任何事，覺得沒有存在的價值？讓自己不再憂鬱，找回活力生活，是可以選擇的！本書詳載如何以行動來改變觀點與思考，使見解符合客觀事實，不被憂鬱影響。努力自我實踐就會了解，改變—原來並不困難！

少女翠兒的憂鬱之旅

定價／300
作者／Tracy Thompson
譯者／周昌葉

「它不是一個精神病患的自傳，而是我活過來的歲月記錄。」誠如作者翠西湯普森（本書稱為翠兒）所言，她是一位罹患憂鬱症的華盛頓郵報記者，以一個媒體人的客觀觀點，重新定位這個疾病與經歷—「經過這些歲月的今天，我覺得『猛獸』和我，或許已是人生中的夥伴」。文中，鮮活地描述她如何面對愛情、家庭、家中的孩子、失戀及這當中如影隨形的憂鬱症。

征服心中的野獸—我與憂鬱症

定價／250元　作者／Cait Irwin
譯者／李開敏　協同翻譯／李自強

本書作者凱特・愛爾溫13歲時開始和憂鬱症糾纏，甚至到無法招架和考慮自殺的地步。幸好她把自己的狀況告訴母親，並住進醫院。之後凱特開始用充滿創意的圖文日記，準確地記述她的憂鬱症病史，她分享了：如何開始和憂鬱症作戰，住院、尋求治療、找到合適的藥，終於爬出死蔭幽谷，找回健康。對仍在憂鬱症裡沉浮不定的朋友，這本充滿能量的書，分享了一個重要訊息：痛苦終有出口！

悅讀心靈系列

說是憂鬱，太輕鬆

定價／200元　作者／蔡香蘋
心理分析／林家興

憂鬱症，將個體生理、心理、靈性全牽扯在內的疾病，背叛人類趨生避死、離苦求樂的本能。患者總是問：為什麼是我？陪伴者也問：我該怎麼幫助他？本書描述八個憂鬱症康復者的生命經驗，加上完整深刻的心理分析，閱讀中就隨之經歷種種憂鬱的掙扎、失去與獲得。聆聽每個康復者迴盪在心靈深處的聲音，漸漸解開心裡的迷惑。

陽光心配方—憂鬱情緒紓解教案教本

工本費／150元　策劃／葉金川
編著／董氏基金會

國內第一本針對憂鬱情緒與憂鬱症推出的教案教本。教本設計的課程以三節課為教學基本單位，課程設計方式以認知活動教學、個案教學、小團體帶領為主要導向，這些教案的執行可以讓青少年瞭解憂鬱情緒對身心的影響，進而關心自己家人與朋友的心理健康，學習懂得適時的覺察與調整自己的情緒，培養紓解壓力的能力。

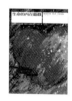

生命的內在遊戲

定價／220元　作者／Gillian Butler；Tony Hope　譯者／俞筱鈞

情緒低潮是生活不快樂和降低工作效率的主因。本書使用淺顯的文字，以具體的步驟，提供各種心理與生活問題解決的建議。告訴你如何透過心靈管理，處理壞情緒，發展想要的各種關係，自在地過你想過的生活。

傾聽身體的聲音—放輕鬆（VCD）

定價／320元　策劃／劉美珠
協同策劃／林大豐

人際關係的複雜與日增的壓力，很容易造成我們身體的疼痛及身心失調。本書引導我們回到身體的根本，以身體動作的探索為手段，進行身與心的對話，學習放鬆和加強身心的適應能力。隨著身體的感動與節奏，自在地展現。你會發現，原來可以在身體的一張一弛中，得到靜心與放鬆！放鬆，沒那麼難。

年輕有夢—七年級築夢家

定價／220元　編著／董氏基金會

誰說「七年級生」挫折忍耐度低、沒有夢想、是找不到未來的一群人？到柬埔寨辦一本中文雜誌、成為創意幸福設計師、近乎全聾卻一心想當護士……正是一群「七年級生」的夢想。《年輕有夢》傳達一些青少年的聲音，讓更多年輕朋友們再一次思考未來，激發對生命熱愛的態度。讀者可以從本書重新感受年輕的活力，夢想的多元性！

解憂—憂鬱症百問2

定價／160元　編著／董氏基金會
心理健康促進諮詢委員（胡維恆、黃國彥、游文治、林家興、張本聖、李開敏、李昱、徐西森、吳佑佑、葉雅馨、董旭英、詹佳真）

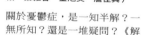

關於憂鬱症，是一知半解？一無所知？還是一堆疑問？《解憂》蒐集了三年來讀者對《憂鬱症百問》的意見、網路的提問及臨床常見問題，可做為一般民眾認識憂鬱症的參考書籍，進而幫助病人或其親人早日恢復笑容。

我們—畫說生命故事四格漫畫選集

定價／180元
編著／董氏基金會

本書集結很多人用各式各樣的四格漫畫，開朗地畫出對於自殺、自殺防治這種以往傳統社會很忌諱的看

悅讀心靈系列

法。每篇作品都表現了不一樣的創意。在《我們》裡，可以發現到「自己」，也看到生命的無限可能。

我們一畫說生命故事四格漫畫選集 II

定價／180元
編著／董氏基金會

在人生的十字路口，難免有一點徬徨、有一點懷疑、有一點不知所措，不知道追求什麼？想一下，你或許會發現自己的美好！本書蒐集各式各樣四格漫畫作品，分別以不同的觀點和筆觸表現，表達如何增強自我價值與熱情生活的活力。讀者可透過有趣的漫畫創作形式，學習如何尊重與珍惜生命，而這些作品所傳達出的生命力和樂觀態度，將使讀者們被深深感動。

陪他走過一憂鬱青少年與陪伴者的互動故事

定價／200元　編著／董氏基金會
心理健康促進諮詢委員

憂鬱症，讓青少年失去青春期該有的活潑氣息，哀傷、不快樂、易怒的情緒取代了臉上的笑容，他們身旁的家人、師長、同學總是問：他怎麼了？而我該怎麼陪伴、幫助他？《陪他走過》本書描述十個憂鬱青少年與陪伴者的互動故事，文中鮮活的描述主角與家長、老師共同努力掙脫憂鬱症的經歷，文末並提供懇切與專業的解析與建議。透過閱讀，走入憂鬱症患者與陪伴者的心境，將了解陪伴不再是難事。

校園天晴一憂鬱症百問3

定價／200元　編著／董氏基金會
心理健康促進諮詢委員

書中除了蒐集網友對憂鬱症的症狀、治療及康復過程中可能遇到的狀況與疑慮之外，特別收錄網路上青少年及大學生最

常遇到引發憂鬱情緒的困擾與問題，透過專業人員的解答，提供讀者找到面對困境與挫折的因應方法，也從中了解憂鬱青、少年的樣貌，從旁協助他們走出憂鬱的天空。

心靈即時通

定價／200元　編著／董氏基金會
心理健康促進諮詢委員

書中內容包括憂鬱症症狀與治療方法的介紹、提供多元的情緒紓解技巧，以及分享如何陪伴孩子或他人走過情緒低潮。各篇文章篇幅簡短，多先以案例呈現民眾一般會遇到的心理困擾或困境，再提供具體建議分析。讓讀者能更深入認識憂鬱症，從中獲知保持心理健康的相關資訊。

憂鬱和信仰

定價／200元　編著／董氏基金會
心理健康促進諮詢委員

本書一開始的導論，讓你了解憂鬱、宗教信仰與精神醫療的關聯，並收錄六個憂鬱症康復者從生病、就醫治療與尋求宗教信仰協助，繼而找到對人生新的體悟，與心的方向的心路歷程。加上專業的探討與分享、精神科醫師與宗教團體代表的對話，告訴你，如何結合宗教信仰與精神醫療和憂鬱共處。

幸福的模樣一農村志工服務＆侍親故事

定價／200元　策劃／葉金川
編著／董氏基金會

有一群人，在冷漠疏離的社會，在農村燃燒熱情專業地服務鄉親，建立「新互助時代」，有一群人，在「養兒防老」即將變成神話的現代，在農村無怨無悔地侍奉公婆、父母，張羅大家庭細瑣的生活，可曾想過「幸福」是什麼？在這一群人的身上，你可以輕易見到幸福的模樣。

公共衛生系列

壯志與堅持—許子秋與台灣公共衛生
定價／220元　策劃／葉金川
作者／林靜靜

許子秋，曾任衛生署署長，有人說，他是醫藥衛生界中唯一有資格在死後覆蓋國旗的人。本書詳述他如何為台灣公共衛生界拓荒。

公益的軌跡
定價／260元　策劃／葉金川
作者／張慧中、劉敬姮

記錄董氏基金會創辦人嚴道自大陸到香港、巴西，輾轉來到台灣的歷程，很少人能夠像他有這樣的機會，擁有如此豐富的人生閱歷。他的故事，是一部真正有色彩、有內涵的美麗人生，從平凡之中看見大道理，從一點一滴之中，看見一個把握原則、堅持到底、熱愛生命、關懷社會，真正是「一路走來，始終如一」的勇者。

菸草戰爭
定價／250元　策劃／葉金川
作者／林妏純、詹建富

這本書描述台灣菸害防制工作的歷程，並記錄這項工作所有無名英雄的成就，從中美菸酒談判、菸害防制法的通過、菸品健康捐的開徵等。定名「菸草戰爭」，「戰爭」一詞主要是形容在菸害防制過程中的激烈與堅持，雖然戰爭是殘酷的，卻也是不得已的手段，而與其說這是反菸團體與菸商的對決、或是吸菸者心中存戒菸與否的猶豫掙扎，不如說這本書的戰爭指的是人類面對疾病與健康的選擇。

全民健保傳奇II
定價／250元　作者／葉金川

健保從「爹爹（執政的民進黨）不疼，娘親（建立健保的國民黨）不愛，哥哥（衛生署）姐姐（健保局）沒辦法」的艱困坎坷中開始，在許多人努力建構後，它着實照顧了大多數的人。此時健保正面臨轉型，你又是如何看待健保的？「全民健保傳奇II」介紹全民健保的全貌與精神，健保局首任總經理葉金川，以一個關心全民健保未來的角度著眼，從制度的孕育、初生、發展、成長，以及未來等階段，娓娓道出，引導我們再次更深層地思考，共同決定如何讓它繼續經營。

那一年，我們是醫學生
定價／250元　策劃／葉金川

醫師脫下白袍後，還可以做什麼？這是介紹醫師生活與社會互動的書籍，從醫學生活化、人文關懷的角度出發。由董氏基金會前執行長葉金川策畫，以其大學時期(台大醫學系)的十一位同學為對象，除了醫師，他們也扮演其他角色，如賽車手、鋼琴家、作家、畫家等，內容涵蓋當年趣事、共同回憶、專業與非專業間的生活、對自己最滿意的成就及夢想等。

醫師的異想世界
定價／280元　策劃／葉金川
總編輯／葉雅馨

除了看診、學術……懸壺濟世的醫師們，是否有著不同面貌？《醫師的異想世界》一書訪問十位勇敢築夢，保有赤子之心的醫師（包括沈富雄、侯文詠、羅大佑、葉金川、陳永興等），由其暢談自我的異想，及如何追求、實現異想的心路歷程。

公共衛生系列

12位異鄉人 傳愛到台灣的故事
定價／300元
編著／羅東聖母醫院口述歷史小組

你願意把60年的時光，無私奉獻在一個團體、一個島嶼、一群與你「語言不通」、「文化不同」的人身上？本書敘述著12個異國人，從年少就到台灣，他們一輩子把最精華的青春，都留在台灣的偏遠地區，為殘障者、智障者、結核病患、小兒麻痺兒童、失智老人、原住民、弱勢者服務，他們是一群比台灣人更愛台灣人的異鄉人……

陽光，在這一班
定價／250元　策劃／葉金川
總編輯／葉雅馨

這一班的同學，無論身處哪一個職位，是衛生署署長、是政治領袖、是哪個學院或醫院的院長、主任、教授……碰到面，每個人還是直呼其名，從沒有誰高誰一等的優勢。總在榮耀共享、煩憂分擔的同班情誼中。他們專業外的體悟與生活哲學，將勾起你一段懷念的校園往事！

繽紛人生系列

隨心所欲 享受精彩人生
定價／320元　總編輯／葉雅馨

面對人生的困局，接踵而至的挑戰，該如何應對？在不確定的年代，10位70歲以上的長者，以自己的人生歷練，告訴你安心的處世哲學與生命智慧。書中你可以學到生涯規畫、工作管理、心靈成長、愛情經營、生命教育、養生方法等多元的思考，打造屬於自己的成功幸福人生。

成長－11位名人偶像的青春紀事
定價／250元　總編輯／葉雅馨

人不輕狂枉少年，成長總有酸甜苦澀事。11個最動人真摯的故事，給遇到困境挫折的你，最無比的鼓勵與勇敢面對的力量。

運動紓壓系列

《行男百岳物語》一生必去的台灣高山湖泊
定價／280元　作者／葉金川

這是關於一位積極行動的男子和山友完成攀登百岳的故事。書裡有人與自然親近的驚險感人故事，也有一則則登高山、下湖泊的記趣；跟著閱讀的風景，你可窺見台灣高山湖泊之美。

大腦喜歡你運動—
台灣第一本運動提升EQ、IQ、HQ的生活實踐版
定價／280元　總編輯／葉雅馨

生活中總被「壓力」追著跑？想要心情好、記憶強、學習力佳？本書揭示運動不只訓練肌肉，還能增進智力商數IQ、情緒商數EQ以及健康商數HQ。除了提供多種輕鬆上手的運動、更有精彩人物分享運動抗壓心得，讓你用「運動」戰勝壓力！

紓壓：找到工作的幸福感

總　編　輯／葉雅馨
主　　　編／楊育浩
執 行 編 輯／蔡睿榮、林潔女
文 字 採 訪／張慧心、梁雲芳、吳佩琪
封 面 設 計／劉涵芬、廖婉甄
內 頁 排 版／廖婉甄

出 版 發 行／財團法人董氏基金會《大家健康》雜誌
發行人暨董事長／謝孟雄
執　行　長／姚思遠

地　　　址／台北市復興北路57號12樓之3
電　　　話／02-27766133#252
傳　　　真／02-27522455、27513606
網　　　址／www.jtf.org.tw/health
部　　落　格／jtfhealth.pixnet.net/blog
社 群 網 站／www.facebook.com/happyhealth

郵 政 劃 撥／07777755
戶　　　名／財團法人董氏基金會

總　經　銷／吳氏圖書股份有限公司
電　　　話／02-32340036
傳　　　真／02-32340037

法 律 顧 問／眾勤國際法律事務所

出 版 日 期／2012年12月初版
定　　　價／新台幣280元
本書如有缺頁、裝訂錯誤、破損請寄回更換

國家圖書館出版品預行編目資料

紓壓：找到工作的幸福感／葉雅馨總編輯--初版--
臺北市：董氏基金會《大家健康》雜誌 2012.12
192面；21公分
ISBN 978-986-85449-5-6（平裝）
1.職場成功法 2.工作壓力　　　494.35 101022479